冀北地区输变电工程
初步设计概算评审要点手册

国网冀北电力有限公司经济技术研究院 组编

安磊 主编

中国水利水电出版社
www.waterpub.com.cn
·北京·

图书在版编目（CIP）数据

冀北地区输变电工程初步设计概算评审要点手册 /
安磊主编 ; 国网冀北电力有限公司经济技术研究院组编
. -- 北京 : 中国水利水电出版社，2021.7
　ISBN 978-7-5170-9729-7

Ⅰ. ①冀… Ⅱ. ①安… ②国… Ⅲ. ①输电－电力工
程－工程设计－概算编制－河北－手册②变电所－电力工
程－工程设计－概算编制－河北－手册 Ⅳ. ①TM7-62
②TM63-62

中国版本图书馆CIP数据核字(2021)第132915号

书　　名	冀北地区输变电工程初步设计概算评审要点手册 JIBEI DIQU SHUBIANDIAN GONGCHENG CHUBU SHEJI GAISUAN PINGSHEN YAODIAN SHOUCE
作　　者	国网冀北电力有限公司经济技术研究院　组编 安磊　主编
出版发行	中国水利水电出版社 （北京市海淀区玉渊潭南路1号D座　100038） 网址：www.waterpub.com.cn E-mail:sales@waterpub.com.cn 电话：（010）68367658（营销中心）
经　　售	北京科水图书销售中心（零售） 电话：（010）88383994、63202643、68545874 全国各地新华书店和相关出版物销售网点
排　　版	中国水利水电出版社微机排版中心
印　　刷	天津嘉恒印务有限公司
规　　格	210mm×145mm　横32开　8.125印张　239千字
版　　次	2021年7月第1版　2021年7月第1次印刷
印　　数	0001—1000册
定　　价	88.00元

凡购买我社图书，如有缺页、倒页、脱页的，本社营销中心负责调换
版权所有·侵权必究

编 委 会

前言

为加强输变电建设工程初步设计概算评审工作，规范评审工作流程，提高评审质量和效率，保证工程设计质量，控制工程造价，依据现行的《电网工程建设预算编制与计算规定》（2018年版）（简称《预规》）及其配套定额，国网冀北电力有限公司经济技术研究院编制了本手册。

本手册是在国家、行业和国家电网有限公司所颁布的各项标准、规程、规范及管理文件的基础上，结合国网冀北电力有限公司自身工程建设的特点，对初步设计概算评审工作要点提出的指导性意见。

本手册共六章。第一章综合，第二章为建筑工程，第三章为安装工程，第四章为架空线路工程，第五章为电缆线路工程，第六章为其他费用。不包括特高压、串补、直流及海缆工程。

本手册对电网工程概算常见错误进行了有针对性的说明，对定额使用原则、评审要点等进行了相应的解释。适用于输变电工程估算、概算评审时参考使用，也可作为编制可研估算或初设概算时的参考资料。

本手册不适用于施工图预算编制，不能作为工程结算依据，也不能作为调解处理造价纠纷的依据。

前言

目录

第一章　综合

	项 目 名 称	备 注
1	**封皮**	
	核对工程名称与可研是否有出入	
	核对工程名称是否满足电网建设项目命名规则，若不满足规则即便与可研一致也可以提出修改	需履行更名手续
	核对工程子项数量是否与可研一致	不一致的需履行变更手续
2	**签批**	
	签批需齐全	
	编制人员应具备资质，未取得资格的不能在概算中签字	
3	**编制说明**	
	编制说明应满足《国家电网公司输变电工程初步设计内容深度规定》的要求	
	还应重点关注以下各项：	
	工程概况描述是否清晰，与设计说明书是否一致，与概算具体内容是否一致	
	计费标准是否现行有效，是否符合Ⅱ类、Ⅲ类地区划分	

项 目 名 称	备 注
人、材、机调整系数等定额调整文件应使用国家电网有限公司电力建设定额站最新转发的版本，未转发的暂不执行	非电网投资项目建议按电力工程造价与定额管理总站文件执行
税金及规费按国家颁布的最新文件执行	
4 **其他**	
各项定额需要进行调整时，应按定额规定的调整系数计算，不得随意增减	
定额中未有规定的不得随意对定额基价进行调整	
电力建设定额未涵盖的按以下顺序参考使用其他定额：电网技改检修定额、配电网建设定额、其他行业定额	
需严格区分材料供给方式，保证甲供材（包括甲供建筑设备及材料）增值税税率正确	

项　目　名　称	备　注
由于本工程的实施，要对其他电力设施进行改造的，一般不单独立项。由哪个项目引起就计入哪个项目，但不计入本体。要对被改造设施单独编制概算，按此概算的金额以一笔性费用的形式计入对应项目的迁移补偿	
由于本工程的实施，要实施临时过渡措施的，不单独立项。由哪个项目引起就计入哪个项目。要依照临时过渡方案单独编制概算，按此概算的金额以一笔性费用的形式计入对应项目的临时工程	线路工程项目划分中没有临时工程的，可计入其他费用
临时过渡设施设备材料应按摊销价计入	

第二章　建筑工程

项 目 名 称	备 注
除概算定额说明中另有要求或本手册中给出建议的，编制建筑工程概算时基本无须使用建筑预算定额。评审概算中出现预算定额条目时应注意核实	1. 本章中未给出特殊说明的"定额"，均指《电力工程概算定额 第一册 建筑工程（2018年版）》。 2. 本章中未给出特殊说明的"第××章"均指《电力工程概算定额 第一册 建筑工程（2018年版）》章节号

项　目　名　称	备　注
一	**主要生产工程**	
1	**主要生产建筑**	
1.1	主控通信楼	
	主控通信楼的"一般土建"定额项目应**至少包括**土方、基础（基础梁）、框架、梁、柱、内外墙、屋面板、屋面排水、屋面防水、屋面保温、内外墙涂料、外墙保温、复杂地面、一般地面、门窗；非单层时还应包括楼面板、楼面面层、复杂楼面；设有卫生间时还应包括天棚吊顶、块料墙面	
	可能包括室外平台及楼梯、爬梯、栏杆扶手、屋面挂线用梁、柱等	
	按定额要求，220kV 及以上户内配电装置室、地下站为主要建筑物。因此，在定额的使用上，110kV 及以下变电站的土石方、结构、墙、板等各章定额原则上都使用"其他建筑"对应的条目	
	主控楼使用条形基础或独立基础＋基础梁型式的，土方量的计算应按定额要求进行，不应按建筑外边线大开挖计算方量	个别情况下由于地质条件限制，使用筏型基础等其他基础型式时按设计要求计算

续表

项 目 名 称	备 注
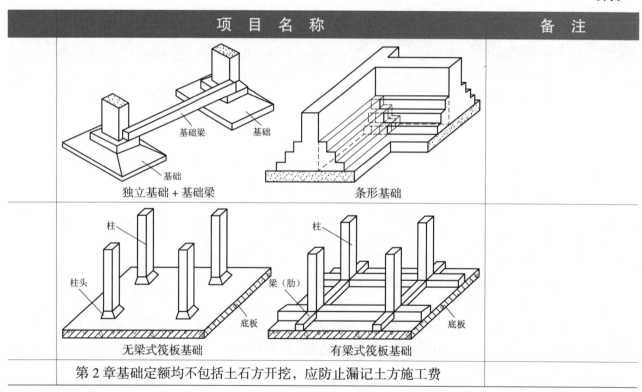 独立基础 + 基础梁　　　　　　　条形基础 无梁式筏板基础　　　　　　有梁式筏板基础	
第 2 章基础定额均不包括土石方开挖，应防止漏记土方施工费	

项 目 名 称	备 注
土方量计算应包括室内首层的设备基础及沟道土方。深度在 1.2m 以内不放坡	
定额已经综合了土方二次倒运及回填，不应另计费用。个别特殊情况下，需用级配砂石回填的，经建筑专业评审人员认可后，可适当考虑级配砂石的费用	
机械土方含 1km 运输，人工土方含 100m 运输，增加部分另行计算	使用第 1 章定额时，均按此条
概算定额不包括沉降观测标及其保护盒，需要时另套建筑预算定额	

沉降观测点

项 目 名 称	备 注
需进行施工降水、地基处理的集中计列在"与站址有关的单项工程"中，不得分散计列	
框架、梁、柱等应分别按其结构型式和材质套用相应定额。常用的有混凝土结构和钢结构	
若为混凝土装配式结构的套用第 10 章装配式构建安装定额	
钢筋混凝土框架结构 1	钢筋混凝土框架结构

项 目 名 称	备 注
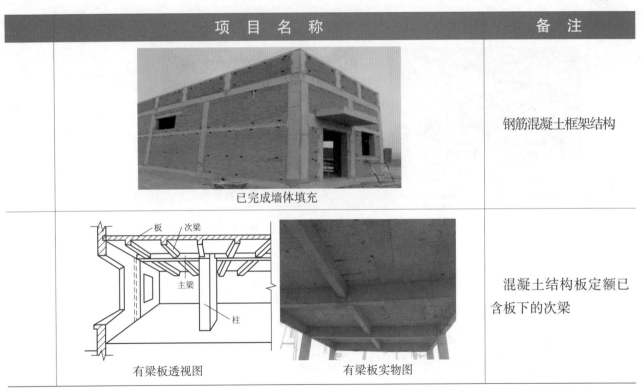	钢筋混凝土框架结构
	混凝土结构板定额已含板下的次梁

已完成墙体填充

有梁板透视图   有梁板实物图

项 目 名 称	备 注
220kV 钢结构配电装置楼 1　　　　220kV 钢结构配电装置楼 2	可见楼内设备基础绑筋
钢结构指钢梁、柱等结构件及钢平台、钢梯、钢盖板等。有少量栏杆、盖板等其他钢结构	
一般不使用钢筋混凝土底板、底板上填混凝土。概算中若出现与建筑专业评审人员落实	
应注意定额第 2 章、第 4 章、第 7 章、第 9 章均不含钢筋，需使用第 7 章第 4 节定额单独计算钢筋费用，不得漏项	以下同，不再重复

项 目 名 称	备 注
应注意预埋地脚螺栓需单独套用定额计算	以下同，不再重复
第 2 章、第 7 章定额包括了预埋铁件的制作与预埋，不得重复计算预埋铁件费用，且实际用量不同时不做调整	参见定额总说明"八"第 9 条
内外墙应按其材质分别套用相应定额	
装配式外墙主要有三种型式： （1）一体化铝镁锰复合墙板为金属夹芯板，工厂内一体化成型运至现场； （2）纤维水泥复合墙板为三层结构，现场复合； （3）一体化纤维水泥集成墙板是将骨架系统、内外侧面板、保温材料等在工厂内集成，整体加工，现场直接挂板安装，无需现场施工檩条、保温材料和装饰材料	

续表

项 目 名 称	备 注
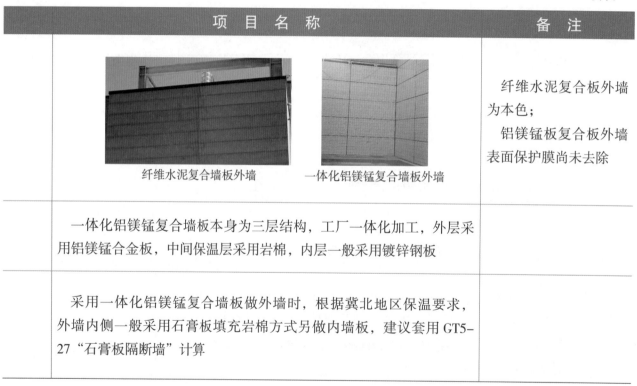 纤维水泥复合墙板外墙 　　一体化铝镁锰复合墙板外墙	纤维水泥复合板外墙为本色； 　铝镁锰板复合板外墙表面保护膜尚未去除
一体化铝镁锰复合墙板本身为三层结构，工厂一体化加工，外层采用铝镁锰合金板，中间保温层采用岩棉，内层一般采用镀锌钢板	
采用一体化铝镁锰复合墙板做外墙时，根据冀北地区保温要求，外墙内侧一般采用石膏板填充岩棉方式另做内墙板，建议套用GT5-27"石膏板隔断墙"计算	

项 目 名 称	备 注
有防火要求的部位，外墙内侧的内墙板根据具体设计方案选用定额，如采用防火石膏板的，可在 GT5-27"石膏板隔断墙"基础上找价差或换定额材料；增加石膏板层数的建议套用建筑预算 YT7-13"石膏板墙基层"，采用砌筑等其他方式的则选用相应定额	
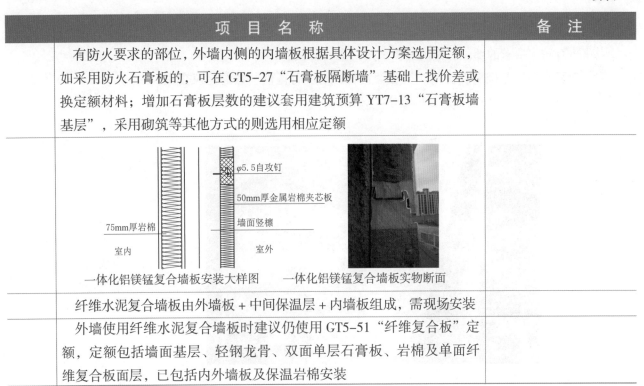 一体化铝镁锰复合墙板安装大样图 　一体化铝镁锰复合墙板实物断面	
纤维水泥复合墙板由外墙板 + 中间保温层 + 内墙板组成，需现场安装	
外墙使用纤维水泥复合墙板时建议仍使用 GT5-51"纤维复合板"定额，定额包括墙面基层、轻钢龙骨、双面单层石膏板、岩棉及单面纤维复合板面层，已包括内外墙板及保温岩棉安装	

项　目　名　称	备　注
有防火要求的部位，如内墙板采用防火石膏板的，可在 GT5–51 "纤维复合板" 基础上找价差或换定额材料；增加石膏板层数的建议套用建筑预算 YT7–13 "石膏板墙基层"，采用砌筑等其他方式的则选用相应定额	
  纤维水泥复合墙板安装 1　　　　纤维水泥复合墙板安装 2	右图可见外墙板、龙骨、内墙板及内外墙板间填充的岩棉

项 目 名 称	备 注
为控制造价，建议内墙板采用石膏板＋涂料方式，内墙涂料套定额另计。如有特殊要求，内墙板采用纤维水泥饰面板等免涂装材料时，应避免重复计算内墙涂料	国网季度信息价中纤维水泥复合板的内侧板为纤维水泥板，使用时应根据实际情况调整
 外墙内侧	此外墙外侧板为纤维水泥复合墙板（见上图纤维水泥复合墙板图），内侧为防火石膏板，并刷白色内墙涂料

项　目　名　称	备　注
一体化纤维水泥集成墙板由外墙板＋中间骨架填充保温层＋内墙板组成。现场直接挂板安装，无需现场施工檩条、保温材料和装饰材料，建议套用装配式构建安装预算定额 YT5-184"混凝土外墙板"计算，并换材料	
砌体内、外墙定额已含抗裂钢丝网敷设，不得重复计算	
墙面加装屏蔽网时，使用 GT5-30 钢板（丝）网墙 ×0.5	
现浇楼面板、屋面板应按轴线面积计算工程量，原则上应略小于建筑面积。与建筑面积相差过多时也应核实是否有计算错误	应注意此处概算工程量计算规则与预算、工程量清单不同，严禁直接套用概算工程量招标
有室外平台造成楼板超过建筑面积的另计	
屋面板常用的有现浇和压型钢板两种型式，按建筑设计方案选择其一，应注意不得重复计算	

项 目 名 称	备 注
压型钢板屋面按投影面积计算屋面面积，由于有挑檐，一般都会大于建筑面积，要注意与上述计算方式的区别。但排水仍按轴线面积计算。压型钢板屋面一般配合钢结构使用	与现浇屋面计算规则不同
要区分楼面板、屋面板分别套用定额，不可混用	
钢结构房屋楼面板、屋面板应使用钢梁浇制混凝土板定额	
楼面板、屋面板定额含板下腻子、涂料	
如果使用压型钢板底模，需单独套用压型钢板底模定额计算	做现浇板衬底，只有现浇板才会使用

续表

项 目 名 称	备 注
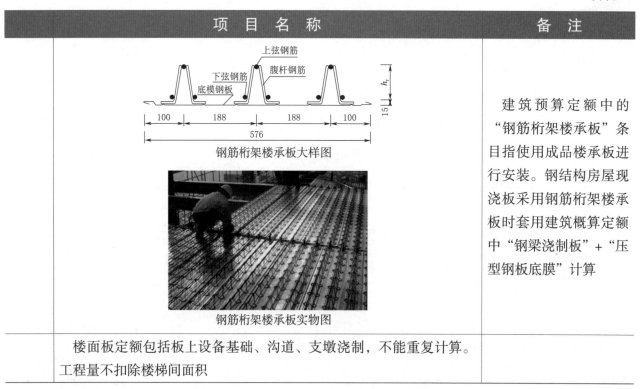钢筋桁架楼承板大样图 钢筋桁架楼承板实物图	建筑预算定额中的"钢筋桁架楼承板"条目指使用成品楼承板进行安装。钢结构房屋现浇板采用钢筋桁架楼承板时套用建筑概算定额中"钢梁浇制板"+"压型钢板底膜"计算
楼面板定额包括板上设备基础、沟道、支墩浇制，不能重复计算。工程量不扣除楼梯间面积	

续表

项 目 名 称	备 注
复杂楼面定额包括板上设备基础、沟道、支墩浇制，不能重复计算	复杂楼面为新增定额，使用原则同复杂地面 按定额说明，楼面板和复杂楼面定额都包含了基础、支墩，存在一定重复，实际使用时不做调整
屋面排水、防水、保温隔热应按轴线面积计算工程量，不考虑防水上翻的面积。评审原则同上	
地面面层、楼面面层应按轴线面积计算工程量，工程量不扣除楼梯间面积。评审原则同上	一般来说，（一般地面＋复杂地面）＝（楼面＋复杂楼面）＝现浇屋面＜压型钢板屋面

项 目 名 称	备 注
地面定额包括室外散水和台阶，不得重复计算	
地面面层定额包括了地面垫层、找平等，不得重复计算	
楼面面层定额包括了基层处理、找平等，不得重复计算	如套用"防静电地板"的区域不应再计算"水泥砂浆面层"
复杂地面定额包括了室内设备基础、沟道、支墩浇制，不得重复计算	主变、GIS 基础另计
只允许卫生间做吊顶，吊顶和龙骨要分别套定额计算，需防止漏项	
出现幕墙、石材等豪华装饰时，须与建筑专业评审人员落实	
墙体装饰定额中的块料面层、装饰板面层定额中不包括墙面基层处理及抹灰，需要时套用概算定额外墙水泥砂浆或内墙混合砂浆另计	此条与 2013 版定额有区别，应避免漏计
照明、采暖、通风空调原则上应按房间功能，分别套用相应的定额计算	如主控通信楼中用作配电室的房间照明等就应该套用配电室照明的定额

项 目 名 称	备 注
注意采暖、通风空调 II 类地区的调整系数	
定额第 11 章给水、排水指建筑物内给排水，不适用于户外	
建筑物内无消防、卫生间等用水设施的，不得计算给排水费用	
电暖气、空调器、轴流风机、除湿机、照明配电箱、气体灭火装置等设备，应另计设备费	
1.2　继电器室、配电装置室	
工程量计算及评审原则同主控通信楼	
2　**配电装置建筑**	
2.1　主变系统	
落实构架类型，常见离心杆、钢管，不同类型定额不同	以下构架、设备支架等同此原则，不再重复
落实构架梁类型，常见型钢（角钢）、钢管，不同类型定额不同	

项 目 名 称	备 注
构架上的爬梯、走道、操作平台、地线柱等应使用构支架钢结构附件定额	以下构架、设备支架等同此原则，不再重复
落实设备支架型，常见型钢（多为工字钢或槽钢）、离心杆、钢管，不同类型定额不同	
为简化计算，当基础埋深小于2.2m时，建议使用含土方与基础构支架、设备支架定额	
型钢设备支架　　　　　　　　 型钢构架	

项 目 名 称	备 注
  离心杆构架　　　　　　　离心杆设备支架	其中构架梁为型钢构架梁
中性点设备、中低压母线桥设备支架应计入主变系统	中低压母线桥设备支架计入主变系统还是配电装置没有硬性规定，此处按计入主变系统约定

项　目　名　称	备　注

低压母线桥支架　　　　　　　　中性点设备支架

项　目　名　称	备　注
主变为电缆进线的，需落实电缆终端支架工程量是否漏计	计入主变系统

项 目 名 称	备 注
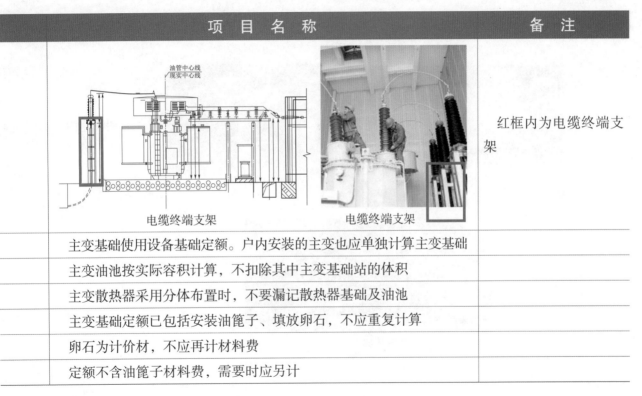	红框内为电缆终端支架
主变基础使用设备基础定额。户内安装的主变也应单独计算主变基础	
主变油池按实际容积计算，不扣除其中主变基础站的体积	
主变散热器采用分体布置时，不要漏记散热器基础及油池	
主变基础定额已包括安装油箆子、填放卵石，不应重复计算	
卵石为计价材，不应再计材料费	
定额不含油箆子材料费，需要时应另计	

续表

项　目　名　称	备　注
 主变基础及油池 　　　　安装主变后的基础及油池	右图油池内已铺卵石
 主变散热器基础及油池	
排油管道参照第 10 章室外管道定额另计	

项 目 名 称	备 注
主变防火墙应直接套用第 10 章防火墙定额，土方、基础不另计	
注意防火墙定额与防火墙结构型式的匹配	
 现浇防火墙　　　　框架 + 砌筑防火墙　　　　装配式防火墙	
有事故油池的，直接套用第 10 章井池定额，土方、垫层不另计	与主变油池不同
2.2 各电压等级构架及设备基础	
构架部分同主变系统	
GIS 设备使用 GIS 基础定额，其他落地设备包括端子箱使用主要辅机基础定额	
户内安装的 GIS 设备也应单独计算 GIS 基础	

项　目　名　称	备　注
GIS 外部单独安装的 CVT 等设备需单独计算设备支架，应防止漏计	

户外 GIS 基础及周边电缆沟

GIS 外部设备支架

项 目 名 称	备 注
一般地，断路器需使用主要辅机基础定额计算基础	
部分断路器安装方式偏向于支架上安装的设备，如下图左侧 220kV 断路器及 110kV 断路器，但大多评审单位、设计单位都是按照主要辅机基础定额只计算了基础费用，这里也不做强制规定	断路器支架为厂供，如果按支架定额计算，应扣除定额中所含的材料费
  220kV 柱式断路器 1　　　　220kV 柱式断路器 2	

项　目　名　称	备　注

110kV 柱式断路器　　　　断路器支架	
其他在支架上安装的设备使用设备支架定额（主要包括隔离开关、TA、TV、避雷器等），应计算设备支架安装	
连接两个设备支架间的钢构件定义为构支架附件，应套用构支架附件定额计算	

项 目 名 称	备 注
　　　　构支架附件	图示红色部分即为构支架附件。在初设阶段，由于工程量尚不明确，存在全部综合到设备支架工程量的情况，评审时可灵活掌握
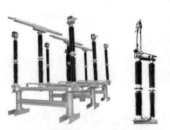　　隔离开关1　隔离开关2　隔离开关3　避雷器　电流互感器	均未包括其设备支架

续表

项 目 名 称	备 注
 隔离开关　　避雷器　　电流互感器　电压互感器	安装好的支架上的设备
按国家电网有限公司物资采购标准，断路器、隔离开关、中性点设备的设备支架、地脚螺栓均为厂供，因此当设备价格使用国家电网有限公司季度信息价时，应扣除设备支架、地脚螺栓定额中含的材料费	非国家电网有限公司投资项目，按实际情况计算
2.3　高抗系统	
同主变系统	
2.4　低压电容器	
应计算并联电容器、串联电抗器基础；隔离开关、避雷器等设备支架	

项 目 名 称	备 注
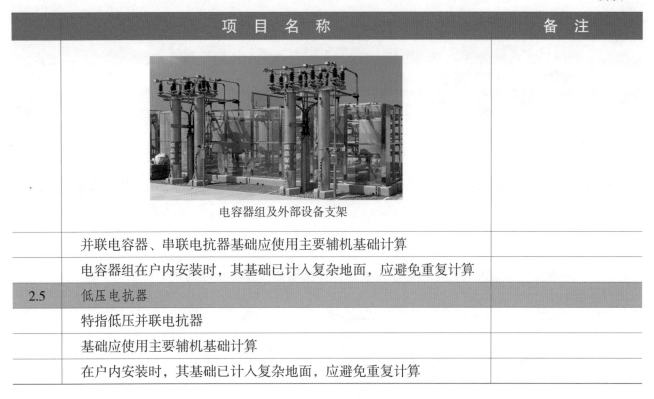 电容器组及外部设备支架	
并联电容器、串联电抗器基础应使用主要辅机基础计算	
电容器组在户内安装时，其基础已计入复杂地面，应避免重复计算	
2.5　低压电抗器	
特指低压并联电抗器	
基础应使用主要辅机基础计算	
在户内安装时，其基础已计入复杂地面，应避免重复计算	

项　目　名　称		备　注
2.6	静止无功补偿	
	按具体设计方案套用相应定额	
2.7	站用电系统	
	根据具体设备型式计算相应的基础	设备型式指独立站变、消弧线圈接地变成套装置、户外或户内成套柜等
	有独立安装的刀闸或电缆终端支架等设备支架的要计算相应的设备支架	
	一般情况下，采用户内消弧线圈接地变成套装置柜的，其基础已含在复杂地面中	

项 目 名 称	备 注
 户内消弧线圈接地变成套装置	接地变兼站变
2.8 避雷针塔	
独立避雷针套用避雷针塔定额，土方、基础不另计	
构架避雷针套用构支架钢结构附件定额	

项 目 名 称	备 注
独立避雷针　　　　　构架避雷针	

2.9	电缆沟道	
	按沟道建筑型式套用相应定额，土方、垫层等不另计	

项 目 名 称	备 注
按预规项目划分规定，电缆支架应计入安装工程	实际评审可灵活掌握，在电缆沟施工时随土建工程预留预埋且由建筑施工方完成的电缆支架也可以计入建筑工程，以便于招标，做到不漏项、不重复即可
 预埋铁件＋焊接电缆支架　　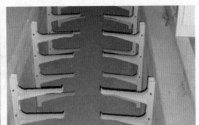 膨胀螺栓＋成品电缆支架	

项　目　名　称	备　注
经建筑专业评审人员认可采用成品沟盖板的，可适当考虑费用，按价差处理	
2.10　　**栏栅及地坪、配电装置区域地面封闭**	
按型式套用相应定额	
此处工程量指设备区的地坪、硬化等，不应与站区道路及广场混在一起	

绝缘地坪 1　　　　　　　　　　　　　绝缘地坪 2

项 目 名 称	备 注
3 **供水系统**	
室外供水管道使用第 10 章定额计算	
室外供水管道定额含土方、垫层，但埋深超过 5m 的，可另计超出部分的土方量，张家口、承德地区冻土超过 5m 的，与建筑专业评审人员落实后应考虑此部分工作量及费用	参见定额指南
管道定额综合了管径、压力、埋深，使用时不做调整	参见定额章节说明第 6 条
供水管道定额综合了管道、阀门，但管道实际材质和定额计价材不同时可调价差。定额计价材均为钢管，实际使用材质不同应计价差	使用钢管套用 GT10-46。使用 PVC 或 PPR 管套用 GT10-47，并调价差
室外供水管道定额不含水表、压力表，需要时套用建筑预算定额另计	此处与第 11 章室内给排水定额不同

项　目　名　称	备　注
水泵、压力供水设备、水处理设备、水净化设备属于设备。应另计设备费及安装费	安装费可以参考建筑行业通用安装定额
需落实供水方式，采取市政供水的，不得再计算深井	
蓄水池按第 10 章井池定额计算	
4　消防系统	
消防水泵房、雨淋阀、泡沫消费间等评审原则同主控通信楼	
户外消防管道使用第 10 章定额计算	
室内采用水消防的，室内消防管道使用第 11 章定额	
消防器材是必要项目，按设备费计列灭火器、沙箱等即可，应避免漏计	

项 目 名 称	备 注

消防器材 1　　　　　　　消防器材 2

消防器材 3　　　　消防器材 4

项　目　名　称	备　注
特殊消防包括烟感探测器、报警系统、气体灭火、泡沫喷淋等，根据实际情况计列	目前主变消防推荐使用水喷雾系统
主变水喷雾系统 1　　　 主变水喷雾系统 2	
气体灭火控制器　　　 火灾报警装置	

项 目 名 称		备 注
火灾报警装置设备费统一计入安装工程智能辅助设备,应避免重复计列		此处按预规项目划分执行
二	**辅助生产工程**	
1	**辅助生产建筑**	
	综合楼、警卫室、雨水泵房,评审原则同主控通信楼	
2	**站区性建筑**	
2.1	场地平整	
	在设计标高 ±300mm 以内的,挖、填、运、找平等应按定额要求计算,即按(站区面积 − 建(构)筑物占地)× 0.1m,套用机械土方定额	即实际标高在设计标高 ±300mm 以内的,概算中直接按上述规则计算场地平整即可
	建(构)筑物占地面积内,且在 ±300mm 以内的场地平整含在基础土方定额中	

项 目 名 称	备 注
实际标高超出上述范围的，应按"挖方量"和"亏方量"分别计算。注意是"亏方"不是"填方"	
挖方量套用"土方"定额，定额含此部分土的回填及碾压	可自平衡的填方无须套用"亏方碾压"
亏方量套用"亏方碾压"定额。亏方量＝填方量－挖方量，即挖方区的土全部用于回填后仍不够的方量才是亏方量。说明只有外购土才适用"亏方碾压"	
场平示意图	一般来说，亏方碾压工程量＝外购土量

项 目 名 称	备 注
 场平前测量　　　　　　　　　　场平后	
场地平整应以土方自平衡为主，购土为辅，包括基础回填后剩余部分应加以利用，评审时购土量应与土建专业评审人员落实	
购土单价计算到现场卸车	
实际情况中，挖方土量不一定全部适用于回填，或回填后仍有剩余的，才可计算弃土	

项　目　名　称	备　注
再次强调机械土方含 1km 运输、人工土方含 100m 运输，除场平和换填的大规模弃土外，一般不应再计算土方运距增加。也就是说，只有弃土超过 1km 的（包括地基处理产生的弃土）才可以计算土方运距增加，弃土量要经过建筑专业评审人员认可	
开挖和回填量超过 1 万 m^3 的，使用大型土石方综合费率	
定额已经综合了二次平整，不应另计	
2.2　站区道路及广场	
按设计要求套相应定额即可	
注意定额的单位，有 m^3，也有 m^2	
混凝土道路　　　　　　沥青道路	

项 目 名 称	备 注
定额中有"××路面"和"××面层"两种定额。其中,面层定额适用于单独或需要重新做路面的情况,不包括基层处理。新建工程不使用"面层"定额	
2.3 **站区排水**	
管道、井池等使用第 10 章定额计算	
2.4 **围墙及大门**	
按设计要求套用第 10 章定额	
砖围墙　　　　　　　清水墙　　　　　　装配式围墙	
定额含围墙土方、基础、散水和涂料,不用另计。第 10 章定额均含土方,不用另计	

项　目　名　称	备　注
围墙砌筑于挡土墙上的，应套用无基础围墙定额	
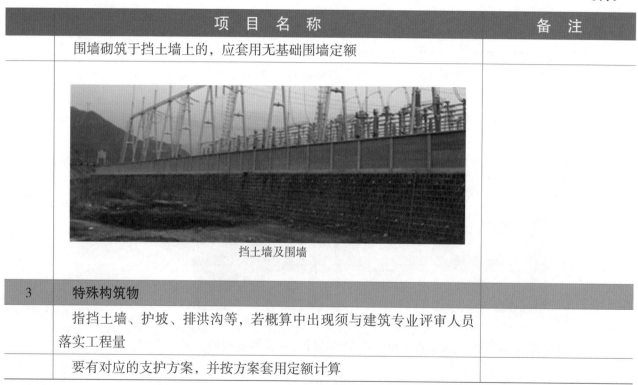　　　　　挡土墙及围墙	
3　　特殊构筑物	
指挡土墙、护坡、排洪沟等，若概算中出现须与建筑专业评审人员落实工程量	
要有对应的支护方案，并按方案套用定额计算	

项 目 名 称	备 注
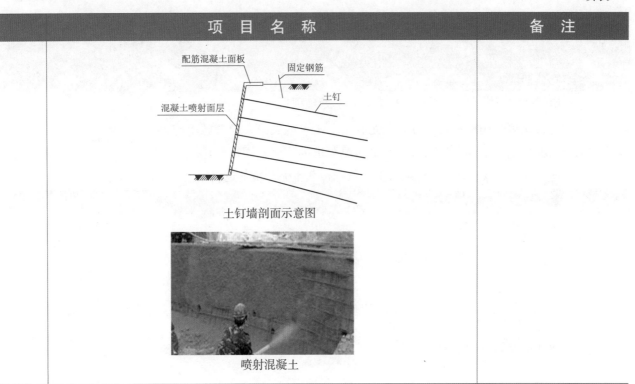 土钉墙剖面示意图 喷射混凝土	

续表

	项　目　名　称	备　注
三	**与站址有关单项工程**	
1	**地基处理**	
	指站区大规模换填、强夯、打桩等地基处理项目	
	注意换填与场地平整土方量（尤其是购土）的关系，换填区不应再计算场平挖方，换出的原状土满足回填要求的应优先回填使用。避免出现先购土填方，再挖掉换填灰土，再挖掉灰土做基坑的逻辑错误	
2	**站外道路**	
	指永久性站外道路，临时道路计入临时工程	一条道路部分有用地手续，部分没有的，仅有手续部分按永久站外道路计
	还建或修缮乡村道路的计入建场费，不属于站外道路	
	站外道路附属的桥涵、挡土墙、排水沟等，若概算中出现须与建筑专业评审人员落实工程量	

	项 目 名 称	备 注
	因大件运输造成的原有道路、桥涵、排水沟等改造计入大件运输措施费	
3	**站外水源**	围墙外 1m 以内属站内供水
	站内打井的,此项为空。采用市政供水的,此处计列市政供水工程相关费用,从围墙外 1m 以外开始计算	
4	**站外排水**	
	若概算中出现须与建筑专业评审人员落实工程量	
5	**施工降水**	
	若概算中出现须与建筑专业评审人员落实降水方案,套用相应定额计算	
	采用降水措施的,须有水文勘测资料作为支撑	
6	**临时工程**	
	临时施工电源应有完整供电方案及相应预算。设备材料应按摊销价计入	

项　目　名　称	备　注
开闭站的永久站外电源计入本体，不属于临时工程	
电源应按永临结合原则先行施工，设有永久电源的不应再计列临时施工电源	确实不能满足永临结合的，需在设计文件中专题说明，并经相关专业评审人员认可
永久电源计入安装工程"站外电源"	
采用市政供水的，根据现场实际情况，若市政供水工程在施工期间不能满足使用，可适当考虑临时水源费用。市政供水能满足使用或采用站内打井的，此项不计	需与建筑专业评审人员落实
临时道路，须与建筑专业评审人员落实工程量	

第三章　安装工程

项 目 名 称		备 注
一	主要生产工程	本章中未给出特殊说明的"定额"均指《电力建设工程概算定额 第三册 电气设备安装工程（2018 年版）》； 本章中未给出特殊说明的"第××章"均指《电力建设工程概算定额 第三册 电气设备安装工程（2018 年版）》章节号
1	主变系统	
	关注主变是否为有载调压，有载调压定额乘 1.1	

续表

项 目 名 称	备 注
110kV 及以上主变在户内安装人工乘 1.3	其他 110kV 及以上一次设备、110kV 及以上支柱绝缘子同此原则，以下不再重复
注意主变是三绕组还是双绕组，定额不同	冀北地区 110kV 主变有三绕组和双绕组两种型式
部分户内站存在主变散热器分体布置的情况，应注意主变安装定额人工费乘 1.1	

项 目 名 称	备 注
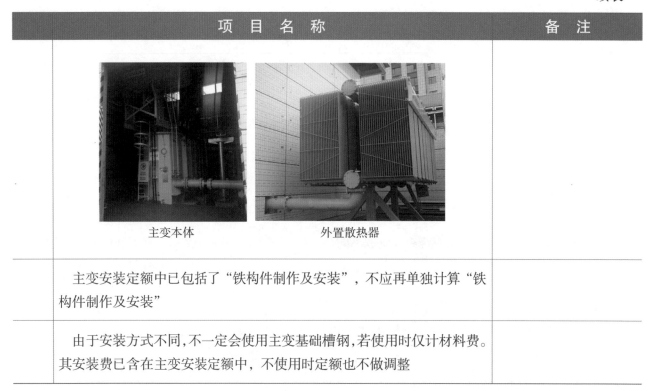主变本体　　　　　　　　　　外置散热器	
主变安装定额中已包括了"铁构件制作及安装"，不应再单独计算"铁构件制作及安装"	
由于安装方式不同,不一定会使用主变基础槽钢,若使用时仅计材料费。其安装费已含在主变安装定额中，不使用时定额也不做调整	

项　目　名　称	备　注
 无槽钢安装　　　　　　　　　 有槽钢安装	
主变安装定额含接地引下线的安装，需另计材料费	接地引下线材料费统一计入"全站接地" 　其他一次设备安装均同此原则
主变安装定额含端子箱、控制箱安装。应避免重复计算	

续表

项　目　名　称	备　注
主变安装在线监测装置时套用安装预算定额计算安装费	GIS、断路器等安装在线监测装置时同此原则
主变中性点设备应计算安装费，中性点设备因电压等级、绕组数和运行需求不同，其配置方式和数量也存在差异，应看图计算或咨询安装专业评审人员。使用中性点成套装置的，直接套用第 3 章中性点成套设备安装定额	

续表

项 目 名 称	备 注
  主变中性点成套装置1　　　主变中性点成套装置2	图示均带支架

续表

项 目 名 称	备 注
主变配置中性点消弧线圈的，安装费应计入主变系统。与其配套的刀闸、避雷器等设备同样计入主变系统。设备连线应另计材料费	
 中心点消弧线圈及其隔离开关、避雷器	
主变各侧母线、导线、避雷器等应计入主变系统（电缆除外），应按主变断面的具体连接型式区别计算	

续表

项 目 名 称	备 注
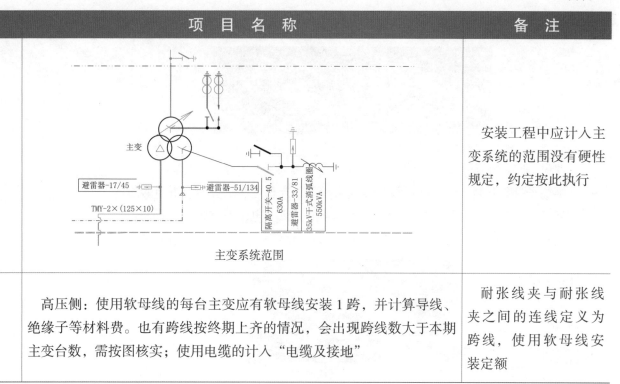 主变系统范围	安装工程中应计入主变系统的范围没有硬性规定，约定按此执行
高压侧：使用软母线的每台主变应有软母线安装 1 跨，并计算导线、绝缘子等材料费。也有跨线按终期上齐的情况，会出现跨线数大于本期主变台数，需按图核实；使用电缆的计入"电缆及接地"	耐张线夹与耐张线夹之间的连线定义为跨线，使用软母线安装定额

项　目　名　称	备　注
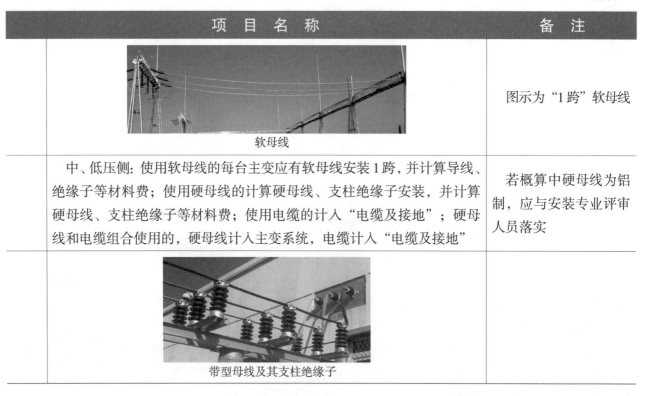 软母线	图示为"1 跨"软母线
中、低压侧：使用软母线的每台主变应有软母线安装 1 跨，并计算导线、绝缘子等材料费；使用硬母线的计算硬母线、支柱绝缘子安装，并计算硬母线、支柱绝缘子等材料费；使用电缆的计入"电缆及接地"；硬母线和电缆组合使用的，硬母线计入主变系统，电缆计入"电缆及接地"	若概算中硬母线为铝制，应与安装专业评审人员落实
带型母线及其支柱绝缘子	

项 目 名 称	备 注
采用绝缘铜管母线时，按同管径管母线定额乘 1.4 计算，并计相应材料费	
以上为一般情况，具体应按电气平面图、主变断面图计算。跨线数、硬母线长度应符合电气平面图示工程量。设备连线及引下线数量符合断面图示工程量	
所有电缆（包括控缆和力缆）都应计入"全站电缆"，严禁将电缆按使用部位分散到各分项工程中	从工料分析、造价分析的角度应该统一计入"电缆及接地"
设备安装定额含设备连线安装，设备连线、引下线、金具只计材料费	设备线夹与设备线夹之间连线定义为设备连线，单侧为设备线夹的一般为设备引下线

项　目　名　称	备　注
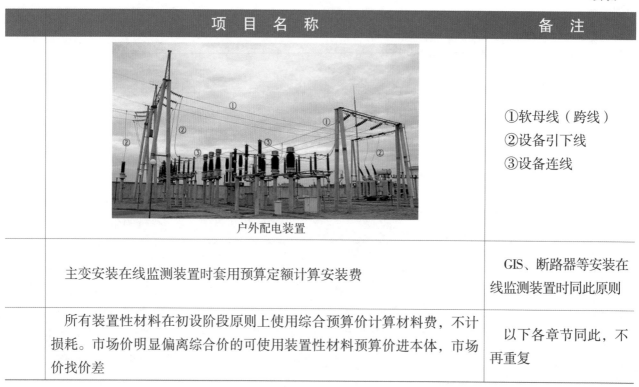 户外配电装置	①软母线（跨线） ②设备引下线 ③设备连线
主变安装在线监测装置时套用预算定额计算安装费	GIS、断路器等安装在线监测装置时同此原则
所有装置性材料在初设阶段原则上使用综合预算价计算材料费，不计损耗。市场价明显偏离综合价的可使用装置性材料预算价进本体，市场价找价差	以下各章节同此，不再重复

项 目 名 称	备 注
2 **配电装置**	
定额中断路器 1 台为三相，GIS 1 台为三相；TA、TV 1 台为单相；隔离开关 1 组为三相	
2.1 AIS 设备	即敞开式设备
所有设备需单独计算安装费，包括断路器、各种隔离开关、TA、母线 TV、母线避雷器、单相接地开关、线路 PT、线路避雷器等。母线、设备连线、引下线、绝缘子等需计算材料费	

户外 AIS 出线间隔断面图

项 目 名 称	备 注
出线构架外侧的耐张绝缘子属线路工程	
使用管母线的，要区分支撑式和悬吊式分别套定额计算安装费：悬吊式要计算悬垂串材料费；支撑式要计算支柱绝缘子安装及材料费	支撑式管母线支架计入建筑工程
 支撑式管母线 　　　　悬吊式管母线	
应注意管母线安装定额单位的区别：支撑式管母线为单相延长米；悬吊式管母线为跨 / 三相	
使用软母线的，跨数应符合图示工程量	
每个母联间隔上跨线套用软母线安装定额，1 个母联间隔对应 1 跨	需与电气平面图核对

项 目 名 称	备 注
 母联间隔	
采用罐式断路器的，定额乘 1.2	
采用罐式断路器或其他内置 TA 的断路器时，TA 不再单独计算安装费	
采用罐式断路器或其他内置 TA 的断路器时，仍需计列 TA 误差试验	

项　目　名　称	备　注

罐式断路器 1　　　　罐式断路器 2

隔离开关需按支柱及接地数量套用相应定额

单柱隔离开关　　　　双柱隔离开关　　　　三柱隔离开关

项 目 名 称	备 注
按电气平面图核实有无其他上跨线的安装	采用 GIS 或 HGIS 时也要核实
2.2　　GIS 设备	一般 110kV 及以上电压等级使用
需区分是否含断路器，应按一次图核实	
外露的避雷器、CVT 等应单独计算安装费，同 AIS	
定额不包括汇控柜安装，需要时套用第 5 章控制台盘柜定额另计安装费	

GIS 汇控柜

项　目　名　称	备　注
新建工程应计算 GIS 主母线安装费，扩建时应根据实际情况而定	国网设备信息价中的 GIS 间隔设备费已包括常规布置方式下各 GIS 间隔之间母线筒费用，一般情况下不再单独计列主母线设备费。布置型式特殊的按实际情况而定
 户外 GIS 设备	可见 GIS 外部单独安装的避雷器

项 目 名 称	备 注
 户内 GIS 设备	
架空进出线间隔应单独计算套管安装费	

项 目 名 称	备 注
   GIS 架空出线间隔套管 1　　　GIS 架空出线间隔套管 2　　　GIS 架空出线间隔套管 3	图示套管下方均设有下方设备支架
GIS 套管定额不包括下方支架的安装，发生时建议按设备支架计入建筑工程。支架如为厂供，计算原则同 AIS 部分厂供设备支架	安装定额指南描述为发生时执行安装定额第 5 章定额子母，由于可能涉及基础，所以此处约定统一按设备支架处理，不依照指南
GIS 电缆出线间隔无须套管	

项 目 名 称	备 注
 GIS 电缆出线间隔 1　　GIS 电缆出线间隔 2　　GIS 电缆出线间隔 3	
无论 AIS、GIS、HGIS 还是开关柜采用电缆进、出线的，电缆及电缆终端的计列原则见"全站电缆"	
GIS 安装定额包括分支母线安装，不用另计	
GIS 母线、分支母线下方支架计算原则同上述 GIS 套管支架	

项 目 名 称	备 注
 750kV 户外 GIS 分支母线	
2.3 HGIS 设备	
HGIS 设备本体套用 HGIS 安装定额,母线部分同 AIS,需单独套用定额计算安装费	
HGIS 以外的 CVT、避雷器等设备同 AIS,需单独套用定额计算安装费	

项 目 名 称	备 注
 HGIS 户外配电装置	HGIS 设备、上方悬吊式管母线、单独安装的避雷器
需要单独制作的附属在设备上的金属品台、爬梯等套用第 5 章铁构件制作安装定额另计	
2.4 高压开关柜	一般 10kV 或 35kV 室内使用
10kV 进线有串联电抗器的，建议计入 10kV 配电装置	

项 目 名 称	备 注
10kV 进线限流电抗器	
需区分开关柜各种类型，分别套用相应定额计算，隔离柜套用"其他电气柜"定额	
使用带型母线进线的，应计算穿墙套管安装	电缆进线的一般无穿墙套管

项 目 名 称	备 注
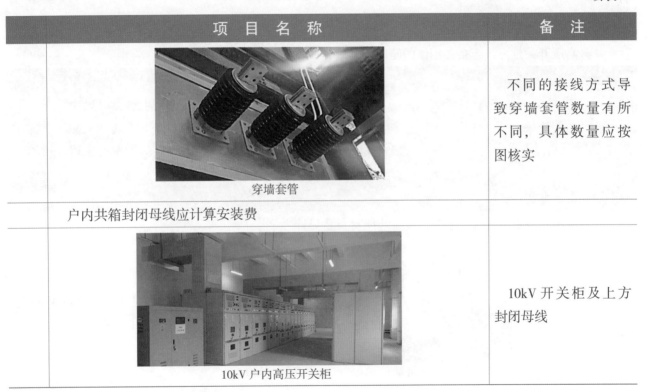穿墙套管	不同的接线方式导致穿墙套管数量有所不同，具体数量应按图核实
户内共箱封闭母线应计算安装费	
10kV 户内高压开关柜	10kV 开关柜及上方封闭母线

项　目　名　称	备　注
高压开关柜内，连接各柜体的硬母线不单独计算费用	
3　　**无功补偿**	概算中常出现把低压电容器计入串补、低压电抗器计入高压电抗器的情况，需纠正此类项目划分错误
3.1　　高压电抗器	
套用对应定额计算安装费，设备连线材料费另计	
 并联高压电抗器 1 　　　　并联高压电抗器 2	右图为 1000kV 高抗其中一相

续表

	项 目 名 称	备 注
3.2	低压电容器	
	根据电容器组类型选用相应定额	
	冀北地区常用框架式电容器组，定额已包括电容器、串抗、隔离开关、放电线圈、避雷器、框架、网门等所有内容，应避免重复计算	
	网门、电容器内部设备连线材料费已含在电容器组设备价中，无须另计	

框架式电容器组

集合式电容器

项 目 名 称	备 注
电容器组外部若有电缆终端或隔离开关支架，应按设备支架计入建筑部分	此设备支架非必要项目，需与建筑、安装专业评审人员核实，避免多计或漏计
 电容器组外部的隔离开关、电缆终端支架	

项 目 名 称	备 注
3.3 低压电抗器	
指主变低压侧并联电抗器，定额单位为组 / 三相	

并联电抗器组

并联电抗器组的支柱绝缘子、网门等需单独计算安装费

续表

项 目 名 称	备 注
并联电抗器支柱绝缘子为厂供，围栏供货方式需根据招标情况确定	
3.4　静止无功补偿装置	
指 SVC（Static Var Compensator，静态无功补偿器）或 SVG（Static Var Generator，静态无功发生器），定额子母按 SVC 设置	随着 IGBT 技术的发展，SVG 正逐步替代 SVC

户外 SVC 装置

项 目 名 称	备 注
当使用 SVG 时，由于与 SVC 差异较大，应根据具体情况选用安装工艺相近的定额，不一定严格套用 SVC 的定额	SVG 外部电抗器、隔离开关等设备参照 AIS 设备计算安装费
 集装箱式 SVG 设备 1  集装箱式 SVG 设备 2	SVG 通过调节逆变器输出电压的幅值和相位，可以迅速吸收或发出所需的无功功率，以实现快速动态调节无功功率的目的，因此在国内也常被称为动态无功补偿装置，名称与英文直译正好相反 除了集装箱式外，SVG 设备也可分立布置

	项 目 名 称	备 注
4	**控制及直流系统**	
4.1	监控系统	
	监控系统相关屏柜安装计入监控系统，盘柜数量应与二次屏柜位置图一致	若严格按定额要求，微机监控系统屏柜应按功能分别套用控制或台盘定额计算安装费，但由于实际监控系统各屏柜控制与保护的界限模糊，评审时可灵活掌握

续表

项　目　名　称	备　注
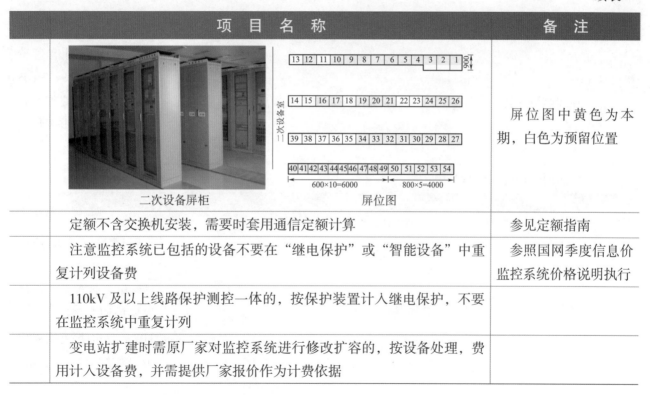　二次设备屏柜　　　　　　　　屏位图	屏位图中黄色为本期，白色为预留位置
定额不含交换机安装，需要时套用通信定额计算	参见定额指南
注意监控系统已包括的设备不要在"继电保护"或"智能设备"中重复计列设备费	参照国网季度信息价监控系统价格说明执行
110kV 及以上线路保护测控一体的，按保护装置计入继电保护，不要在监控系统中重复计列	
变电站扩建时需原厂家对监控系统进行修改扩容的，按设备处理，费用计入设备费，并需提供厂家报价作为计费依据	

项 目 名 称		备 注
	在线监测、智能终端、合并单元应套用安装预算定额单独计算安装费	在使用国网信息价时，主变、GIS、HGIS设备价含智能终端与合并单元，不要重复计列设备费
	同步时钟按控制台盘套用定额	
4.2	继电保护	
	控制屏、故录屏套用控制屏定额	国网季度信息价中110kV/66kV/35kV线路保护、电容器保护、电抗器保护均含测控装置；110kV及以下变压器保护均为主后合一的价格

项 目 名 称		备 注
 二次设备舱	 二次设备舱内部	当采用二次设备舱时，按国网季度信息价中"预制舱式二次组合设备价格说明"执行
4.3 直流系统及 UPS		
电池组、交直流分电屏、UPS 等需分别套用定额计算		
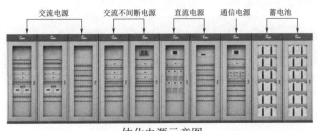 一体化电源示意图	 一体化电源	一体化电源

交流电源　交流不间断电源　直流电源　通信电源　蓄电池

项　目　名　称		备　注
	注意按容量计列一体化电源设备费	
4.4	智能辅助控制系统	
	指安保监控设施、环境监控设施、火灾报警系统等，套用通信预算定额计算	
	应注意是否有立杆的情况，立钢管杆的套用通信预算定额第 8 章 "立钢管杆" 定额计算。此定额不含基础及埋件，需套用建筑工程定额另计	
4.5	在线监测系统	
	套用安装预算定额计算。在线监测内容需经安装专业评审通过	
5	站用电系统	
5.1	站用变	
	消弧线圈接地变成套装置建议使用第 2 章 2.5 节 "接地变及消弧线圈成套装置安装" 定额	
	无站变功能的消弧线圈计入相应电压等级的配电装置	

项 目 名 称	备 注
10kV 站用变使用第 6 章定额计算，35kV 及以上站变使用第 2 章定额计算	

成套消弧线圈柜 1

成套消弧线圈柜 2

成套消弧线圈柜 3

项 目 名 称		备 注
5.2	站用配电装置	
	指交流动力箱（屏）等。当采用一体化电源时，所有一体化电源的组成设备均计入直流系统及 UPS	
5.3	站区照明	
	指设备区、构筑物、站区道路照明，建筑物照明含在建筑工程中，应防止重复计算	
	站区照明灯具、配电箱、电缆保护管、电杆为未计价材，应另计算材料费	
	定额含照明灯杆土方、基础及组立，应防止重复计算	
	照明电缆应在"全站电缆"中单独计算	

项 目 名 称	备 注
 站区照明灯具 1　　　　　站区照明灯具 2	
6　　**电缆及接地**	需施工单位进行安装的厂供电缆，应区分力缆、控缆分别计算安装费，但不计材料费
6.1　　全站电缆	
35kV 及以上电缆应执行线路定额，电缆头应区分户内、户外	

项 目 名 称	备 注
使用单芯电缆时应注意站内电缆敷设定额单位为"m/ 三相"，敷设定额的 1m 包括 3 根 1m 长的单芯电缆，所以材料应按 3m 计算，即材料长度 = 敷设长度 ×3	
电缆终端（电缆头）安装单位为"套 / 三相"，使用单芯电缆时，电缆头的计算方法同上，即电缆头设备量 = 安装量 ×3	单芯电缆的电缆头单价为单支（单相）价格
无论采用 AIS、GIS、HGIS 还是开关柜，站内电缆的电缆终端及电缆都计入本站"全站电缆"。出线电缆的电缆终端及电缆都计入电缆线路工程，不在变电工程中体现	站内电缆：指电缆两侧终端都在本站内的电缆，如主变到配电装置、配电装置到电容器等　　出线电缆：指电缆一侧终端在本站内的电缆

项 目 名 称	备 注
应注意核实概算中的电缆型号	如出现 YJLV 铝芯电缆，应与安装专业评审人员核实 单芯电缆使用 YJV22 钢铠电缆为电缆选型错误
 单芯电缆空气终端 三芯电缆空气终端　　　三芯电缆中间头	
35kV 及以上电缆、电缆头属于设备性材料，应计入设备费	
10kV 及以下电缆按综合长度计算即可，初设阶段不必区分具体型号	

项　目　名　称	备　注
光缆按通信预算定额的相关子目执行	
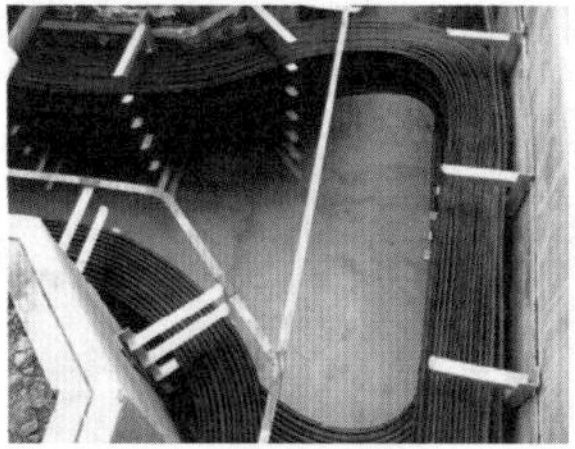 　　　控制电缆 1 　　　　　　　控制电缆 2	控制电缆 2 中黄色电缆为已在二次屏柜内完成配线的控制电缆线芯
需严格区分支架与桥架，支架不能套用桥架定额	
现场制作的钢支架套用第 5 章铁构件制作、安装定额计算	如上左图中电缆支架所示
电缆敷设定额已含电缆保护管敷设，仅计电缆保护管材料费	
应注意电缆防火与控缆、力缆安装的联动关系，即只要出现控缆或力缆的安装就必然要发生电缆防火的工程量，应避免漏项	

项 目 名 称	备 注
 电缆防火墙　　 防火堵料  防火包	电缆防火墙两侧电缆呈灰白色，为电缆防火涂料颜色，防火堵料图中棕色部分为防火堵料
6.2 全站接地	
概算中有接地井等特殊接地方式的须与一次评审人员落实	

项　目　名　称	备　注
全站接地长度按水平接地母线总长度计算，定额已经综合了垂直接地体的安装，不用另计	采用离心杆构架时，垂直接地长度计入全站接地长度
水平接地长度包括主地网、电缆沟内水平接地母线、户内环形接地母线及等电位接地母线等供电气设备使用的水平接地长度	建筑物本身的防雷接地计入建筑工程
 户内水平接地　　　　　电缆沟内水平接地　　　　主地网水平接地	
常见为扁钢接地或铜接地，其中铜接地焊点套用预算另计费用	

项　目　名　称	备　注

钢接地焊点　　　　　　　　　铜接地焊点

铜接地熔接 1　　　　　　　　铜接地熔接 2

	项　目　名　称	备　注
7	**通信及远动**	
7.1	通信系统	7.1 节中"定额"指《电力建设工程预算定额　第七册　通信工程（2018 年版）》
	系统通信部分一般由光通信数字设备、交换设备、数据通信设备、同步网设备、网管系统、通信线路、辅助设备、设备电缆、公共设备及通信业务组成。若不采用一体化电源，还应包括通信电源设备	
	电能计费系统、数据网接入设备和网络安防设备计入远动及计费系统，应注意和系统通信工程不能重复	
	视频采集、电子围栏等计入智能辅助系统	
	新建 SDH 设备要区分各级速率板卡数量分别套用定额计算	

项 目 名 称	备 注
其中：（1）SDH 设备要区分是终端复用（TM）还是分插复用（ADM）来套用定额。实际工程基本均为 ADM，出现 TM 设备应与通信专业评审人员核实	例如，实际 SDH 设备包括 10G 光口板 4 块，2.5G 4 块，155M 2 块，FE 4 块，套用定额如下：
（2）ADM 定额已含 2 块高阶光板的安装，实际设备超过 2 块时，另套 SDH "接口单元盘"定额。TM 略，参见定额	YZ1-5×1、YZ1-14×2、YZ1-15×2、YZ1-17×2
（3）高阶光口板以下的各级板卡按实际数量套用 SDH "接口单元盘"中相应定额。其中 2M 及数据板已含在 TM 或 ADM 安装中，不用另套	FE 为数据板不用另套定额
（4）定额已含网元级、接入级网管系统调测	
扩建 SDH 设备时按板卡速率执行"扩容接口单元盘"中的相应定额，应注意此处与上述"接口单元盘"定额不同	
扩建 FE、GE、10GE 等数据板卡均执行"扩容接口单元盘"定额中的"数据接口板"定额，即 YZ1-28	

续表

项 目 名 称	备 注
单站扩容板卡数量（包括各级光口板、2M、各级数据板的总和）第 3 块及以上的定额乘 0.5	
扩容接口单元盘定额已含本地维护终端及网管系统调测	
扩容 SDH 设备时，每台需要扩容的光端机需执行"调测基本子架及公共单元盘"定额 1 次，与扩容板卡数量无关	
新建及扩建 SDH 设备需计算"数字通信通道调测"。具体数量以通信专业评审人员审定方案为准	
新建 OTN 设备首先执行"OTN 基本成套设备"定额，OTN 基本成套设备不包括的内容在 YZ1-40 ~ YZ1-49 中另套相应定额	例如，新建 OTN 设备包括光层子架 3 个、电层子架 1 个、合分波器 3 套、光放 6 台、色散补偿 3 台、波长转换器 3 块、电交叉设备 1 套
其中：（1）OTN 成套设备含 2 个光系统，包括电层子架 1 个、光层子架 2 个、40 波合分波器 2 套、光功率放大器 4 块、色散补偿器（DCM）2 块。实际设备超过 2 个光系统时套用"OTN 光路系统"另计	

续表

项 目 名 称	备 注
（2）OTN 光路系统定额包括光层子架 1 个、40 波合分波器 1 套、光功率放大器 2 块、色散补偿器（DCM）1 块	套用定额如下：YZ1－39×1、YZ1－40×1、YZ1－44×3、YZ1－41×1 　光层子架、电层子架、合分波器、光放、色散补偿已分别含在 YZ1－39 及 YZ1－40 中，不用另计
（3）OTN 成套设备不包括光 / 电交叉设备、光波长转换器（OTU）、光谱分析模块，需要时按实际数量计列	
扩建 OTN 设备时首先套用"可扩容 OTN 光路系统"定额，包括光层子架 1 个、40 波合分波器 1 套、光功率放大器 2 块、色散补偿器（DCM）1 块及网管系统调测。定额不包括的内容在 YZ1－52 ~ YZ1－55 中另套定额计算	

项 目 名 称	备 注
扩建合分波器时套用"增装调测合波、分波器"定额，即 YZ1–45 或 YZ1–46	
同一设备单站扩容第 2 套及以上的，定额乘 0.7	
扩建 OTN 设备时，每套 OTN 设备需执行"调测基本子架及公共单元盘（OTN）"1 次	
新建及扩建 OTN 设备需计算"光传送网（OTN）系统通道调测"及"光传送网（OTN）网络保护"。具体数量以通信专业评审人员审定方案为准	
系统通信工程机柜需套用 YZ14–1 另计	
引入缆套用第 13 章定额计算。需注意不要漏记	
其他通信内容按审定技术方案套用相应定额计算。其中调试项目按国网定额站《电力系统通信工程定额调试项目应用指导意见》执行，参见附录	实际工程中，如有运维或其他内部人员自行完成的工作，概算中不计费用

项 目 名 称	备 注
SDH、OTN设备使用国网季度信息价时,需按设备参数选用相应的价格,季度信息价中已含的接口不能再重复计列设备费	
通信设备扩建板卡时,需按实际采购板卡型号询价,作为计列设备费的参考	实际采购的板卡型号与需求的端口数不一定对应,如需求 1 个 2.5G 端口,实际只能采购含 2 个 2.5G 端口的板卡。此时需要按 1 块双 2.5G 端口的板卡计列设备费
同样地,当需求的端口能通过扩光模块实现时,则只计列光模块价格,不能按整块板卡计列设备费	
7.2　远动及计费系统	
注意落实组屏方式,扩建工程在旧屏内安装新设备的,使用安装预算定额计算安装费	

续表

项　目　名　称		备　注
8	全站调试	第8节"定额"指《电力建设工程预算定额第六册 调试工程（2018年版）》
	按《35～750kV 输变电工程安装调试定额应用指导意见》执行，详见附录	
	其他需要注意的问题如下：	
	注意主变三绕组、有载调压、带灭火装置时的系数	
	注意主变分系统调试含主变各侧断路器，送配电分系统调试不要重复计算	
	注意扩建工程调整系数，并按改造数量累加，合计不超过 1	详见定额章节说明
	改扩建时应把定额章节说明中写明的监控、五防、调度自动化等取全，还需进行其他调试的，按上条原则取调整系数	

项 目 名 称	备 注
只进行保护改造时，按定额说明要求取分系统及整套启动调试，并计调整系数。需注意调整系数按涉及的保护装置数量累计，合计不超过 1	例 如，进 行 一 个 220kV 出线间隔的保护改 造，由 于 1 条 220kV 线路装设 2 套保护装置，定额的调整系数如下：220kV 送 配 电 分 系 统 $0.3 \times 2 = 0.6$，监控分系统 $0.05 \times 2 = 0.1$，其 他 分 系统及整套启动调试同理
站内倒间隔时参照保护改造原则计取调试费	

续表

项　目　名　称	备　注
改扩建时不计取无关的调试费	如扩建间隔时不涉及母线、母线 PT 时则不计母线系统调试
输电线路试运计入输电线路工程	
GIS、HGIS 中的互感器不再计算耐压、局放试验，但应计"误差试验"	
没有对应调试定额的调试内容暂不计入概算	有特殊要求的根据具体情况确定

续表

	项 目 名 称	备 注
9	**其他要说明的问题**	
	关于系统通信工程的项目设置，按以下原则执行 可研阶段：常规工程系统通信不设子项，通信设备计入变电工程，光缆计入线路工程。没有变电子项的工程，可单独设立"系统通信设备工程"子项。另辟路径建设光缆，与本期线路工程路径均不相同的，可单独设立"光缆工程"子项 初设阶段：沿用可研批复的子项设置	
	建筑概算定额第 10 章中的"铁件"与安装概算定额第 5 章的"铁构件制作及安装"按以下原则划分：作为建筑物组成部分为建筑工程服务的使用建筑概算定额；电气设备使用的爬梯、平台等使用安装定额	
	常会出现建筑设计与安装设计对同一铁件都进行提资的情况。评审时应综合概算建筑、安装工程中的铁件工程量与相关专业评审人员核实，避免重复计算	

续表

项　目　名　称	备　注
再次强调注意核实定额中已含的埋件、铁件等工程量，避免重复计算	见前述建筑及安装部分
需进行单一来源采购的设备，应注意核实价格	
站内采取的临时过渡措施，一般指为不停电或减少停电时间采取的临时过渡措施，正式投运后要移除，与正常施工需要采取的施工、安全措施（来源于相关定额和安全文明施工费）要区分开，避免重复计算	
站外线路采取临时过渡措施的费用计入线路工程	
在二次设备改造、扩容时按以下原则处理：产生软硬件费用的计列相应设备费、装材费；安装调试工作需由原设备厂家实施的，均按设备处理，费用计入设备费；需由施工单位完成的，套用相应定额计算安装费；由运维人员或其他内部人员自行完成的，不计费用	由原厂家完成的，应提供报价单
不计取各种接口费、配合费等无依据的一笔性费用，确需发生的按实际情况计列相应的设备、材料或安装费（套定额计算），原则同上条	

项 目 名 称	备 注
倒间隔、换保护等要注意关联工作量，如旧设备拆除、电缆是否更新及电缆防火封堵等	
不计取各种运维车辆或工具（如升降车、电瓶车、绝缘杆等）购置费	
不计取各种仪器仪表购置费	

第四章　架空线路工程

	项 目 名 称	备 注
	线路工程使用软件编制概预算后，绝大部分人为的计算错误都能够被有效避免，故以下只针对使用软件的条件下需着重关注的要点进行说明	本章中未给出特殊说明的"定额"均指《电力建设工程概算定额 第四册 架空输电线路工程（2018年版）》； 本章中未给出特殊说明的"第××章"均指《电力建设工程概算定额 第四册 架空输电线路工程（2018年版）》章节号
1	**工地运输**	
	采用全过程机械化施工的工程，人力运输距离最多不超过 20m	
	局部采用全过程机械化施工的工程，人力运输距离适当调减	
	机械化施工的土方工程不计人力运输	

项 目 名 称	备 注
商混不计人力运输	
钢管杆一般不计人力运输	
采用张力架线的，线材不计人力运输	
采用畜力运输的按人力运输计算	
人力运输 1　　　　　　　　人力运输 2	塔材的人力运输
有盘山公路能够采用汽车运输的，"汽运"按"山地"计算	
同一地段河流、泥沼并存的，按"泥沼"计算，不得同时计取	

项 目 名 称	备 注
山区采用"索道运输"时,应适当调减人力运距	
塔材的装卸、运输应包括螺栓、垫片、脚钉、爬梯、避雷器支架的重量	
砂石等地材采用地方信息价时,一般不计汽运及装卸。实际运距确实超过信息价所含运距的,只计超出部分汽运,不计装卸	
2　基础工程	
分坑复测的直线、耐张塔基数要和说明书、附件安装中对应的附件数一致	如悬垂串数量和分坑中的直线塔数量要有对应关系
土质比例要合理,要注意与地形比例、水文地质勘察结果之间的关联	
当采用高低腿杆塔时,复测及分坑按定额人工乘 1.5 计算	

高低腿塔

项 目 名 称	备 注
挖孔基础指掏挖基础、岩石嵌固基础、挖孔桩基础	
 掏挖基础　　　　　岩石嵌固基础 挖孔桩基础	
"挖孔基础机械挖方"定额指旋挖钻机成孔	

项　目　名　称	备　注
履带式旋挖钻机 1　　　　履带式旋挖钻机 2	
采用旋挖钻机成孔时无须泥浆护壁，不应计列泥浆池、泥浆清理、运输等费用	
土石方定额含 100m 以内的运输，一般不考虑基坑换土回填或余土外运，若发生需与线路专业评审人员核实，超过 100m 以上的部分可计入工地运输费用	
钻孔灌注桩基础、岩石锚杆在基础工程中计算成孔，不单独计算土石方，但基础连梁或承台在地面以下的要另行在土方工程中计算土方量	

项 目 名 称	备 注
 基础承台坑	
若采用混凝土电杆，对应预制基础	
每基需使用的底盘数与电杆一一对应，一杆一块底盘，单杆对应一块，双杆则对应两块	
卡盘和拉线盘不一定每基都使用，可查询线路设计说明书，要与基础配置相符	

项　目　名　称	备　注
每根拉线需使用一个拉线盘，埋设拉线盘要在土石方工程中计算土方量，注意不要漏项	
钢筋加工需区分普通钢筋及钢筋笼	
一般钢筋绑扎　　　钢筋笼吊装	
现浇基础按单个基础方量选用定额，垫层另计	

项 目 名 称	备 注

现浇基础浇筑前

现浇基础拆模后

基础垫层 1

基础垫层 2

项　目　名　称	备　注
土方开挖需根据施工组织方案灵活掌握。如上图基础垫层 2 ，即按 1 个基坑计算	
挖孔基础孔深 5m 以上的执行"钻孔灌注桩基础"定额，5m 以下的执行"现浇基础"定额	
挖孔基础采用护壁时，基础混凝土不计超灌量。但现浇护壁本身应计 17% 超灌量	
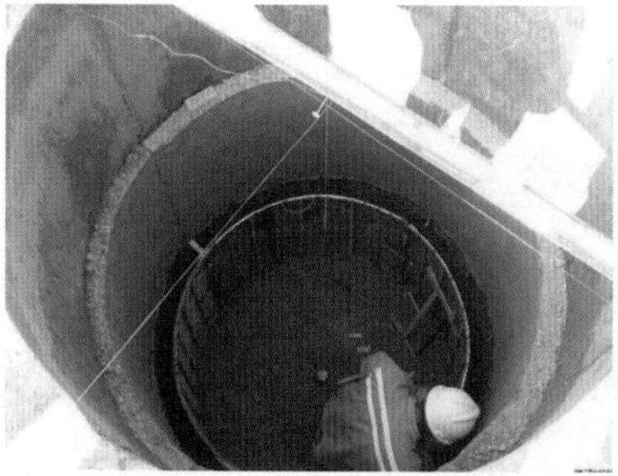 护壁浇制 1 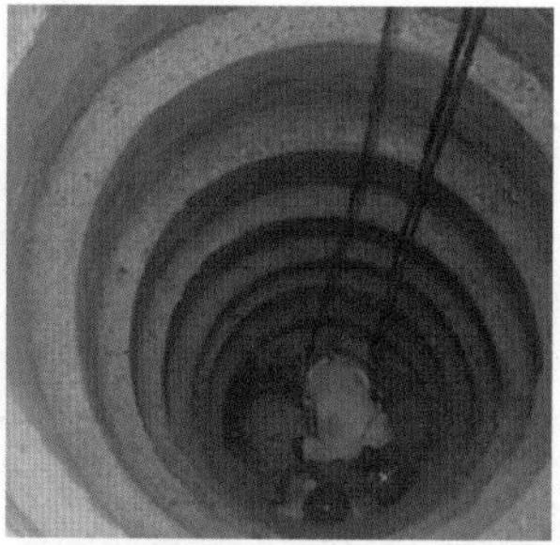　　　　护壁浇制 2	
岩石锚杆基础的承台套用"现浇基础"定额另计	

项 目 名 称	备 注

锚杆钻机钻孔中

单个钻孔

地脚螺栓埋设完成

项　目　名　称	备　注
钻孔灌注桩定额已含泥浆池修建及拆除、钻台搭拆、现场清理、工器具转移	
钻孔灌注桩定额不含泥浆处置、外运，其费用另计	
灌注桩成孔　　　　　　　　泥浆池	
钻孔灌注桩成孔定额不包括孔径在 2.2m 以上的成孔，发生时需执行地方定额	可参照市政道桥定额中相关内容
灌注桩基础浇筑承台时，要另计"凿桩头"费用	

项 目 名 称	备 注
 凿桩头过程	
基础立柱、承台、连梁高出地面 1m，需要搭设平台，施工时按相应定额乘 1.2 计	
 基础承台 1　　　　　　　基础承台 2	高出地面的承台浇制及施工平台

项　目　名　称	备　注
 基础连梁	
基础保护帽浇制应另计	
 保护帽浇制前　　　　　　保护帽浇制后	

续表

项 目 名 称	备 注
3 **杆塔工程**	
混凝土电杆定额已综合了杆顶封头，分段混凝土电杆定额还综合了钢环焊接	与 2013 年版线路预算定额不同
组立紧凑型铁塔时，按人工、机械乘 1.1 计算	
 单回紧凑型直线塔　　同塔双回紧凑型直线塔	
为简化计算，初设阶段电缆终端塔的电缆平台可综合到电缆终端塔总重中，不单独计列安装费	

项 目 名 称	备 注
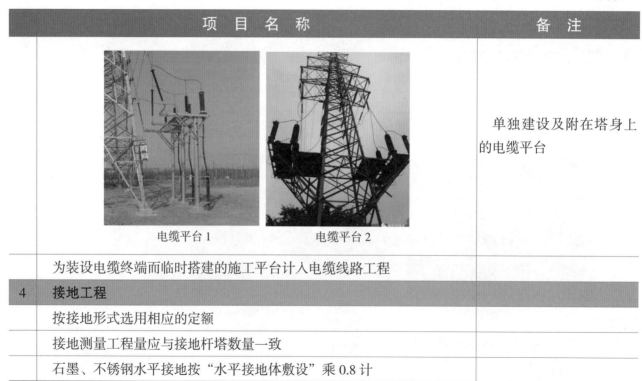 电缆平台 1　　　　　　电缆平台 2	单独建设及附在塔身上的电缆平台
为装设电缆终端而临时搭建的施工平台计入电缆线路工程	
4　接地工程	
按接地形式选用相应的定额	
接地测量工程量应与接地杆塔数量一致	
石墨、不锈钢水平接地按"水平接地体敷设"乘 0.8 计	

项 目 名 称	备 注
软石墨接地　　　接地模块	
5　架线工程	
满足全过程机械化施工的，都使用张力架设计算	
牵引机　　　　　张力机	

项　目　名　称	备　注
张力放线定额已含牵张设备拆装、转场	
采用张力架线时需计算"引绳展放"及"牵张场场地建设"	

牵张场 1　　　　　　　　　　　　　牵张场 2

引绳展放长度为：线路艮长 × 回路数	
导线、地线（含 OPGW）同时架设时，引绳展放只计算导线回路数	

项 目 名 称	备 注
更换导线、地线时根据施工方案实际情况，能够利用旧导地线牵引新导地线时，可不计引绳展放。需要展放引绳时按以下原则：导地线同时更换，同新建；只换导线，按导线回路数 × 艮长计算；只换地线，无论更换 1 根还是多根，按艮长 ×1 计算	
引绳展放方式应符合施工现场实际需要，其中飞行器展放可另计飞行器租赁费	
 飞行器引绳展放 1　飞行器引绳展放 2　飞行器引绳展放 3　飞行器引绳展放 4	
采用 OPPC 时，应先正常计算导线架设，再另计 OPPC 增加费	

项　目　名　称	备　注
OPPC 单盘、全程测量执行 OPGW 定额，OPPC 接续按 OPGW 接续定额人工乘 1.5 计算	
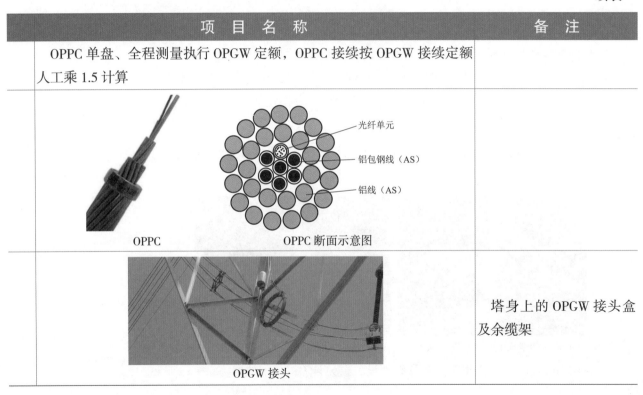	
	塔身上的 OPGW 接头盒及余缆架

项　目　名　称	备　注
导线（含 OPPC）、地线（含 OPGW）架设长度按路径艮长计算，材料费按实际长度计算	
在多回塔单独挂第二回及以上导线时，注意调整系数	
在线路走廊内并行原有线路建设新线路时要注意与原有线路的距离，当临近带电线路距离达到规定时要乘调整系数，详见定额说明	
按图核对概算中各种导线、地线、光缆的型号、长度及架设方式。当遇到建设方案复杂的线路工程时，应及时与线路专业评审人员核实相关工程量	
当旧有线路需要进行弧垂调整时，建议参照检修定额计算费用	
跨越架设与特殊跨越不重复执行。其中，跨越架设指采用钢管、杉篙搭建脚手架形式的跨越架；特殊跨越指采用羊角横担式、多柱组合式、索道式等非脚手架形式的跨越架。应根据施组选用相应定额	

项 目 名 称	备 注
 跨越措施 1  跨越措施 2  跨越措施 3	跨越措施 1：杉篙跨越架及封网（跨电力线） 跨越措施 2：羊角跨越架及封网（跨铁路） 跨越措施 3：羊角跨越架及封网（跨电力线）

项　目　名　称	备　注
跨越铁路如需夜间施工的，可取夜间施工增加费	
带电跨越电力线时，增加执行"带电跨越电力线"定额。同时需注意停电跨越时不计取此项费用	
穿越电力线时，按被跨越线路电压等级执行"跨越电力线"定额乘 0.75 计算	例如，新建 220kV 线路穿越 500kV 线路，执行"500kV 线路跨越 220kV 线路"乘 0.75，即 YX5-141×0.75
引入光缆计入变电工程。架空光缆与引入光缆的接头计入变电工程	

项 目 名 称	备 注
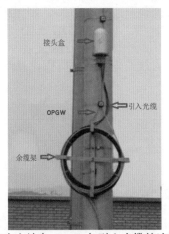 变电站内 OPGW 与引入光缆的连接	
6　附件工程	
在多回塔单独挂第二回及以上导线或临近带电线路，按人工、机械乘 1.1 计算	

项 目 名 称	备 注
耐张串、跳线、跳线串、直线串、悬垂线夹数量要和塔基数对应，同时不要漏计变电站出线构架上的耐张串	
应避免漏计跳线安装费，跳线数量应与耐张塔基数保持对应	如 1 基交流单回路耐张塔跳线应为 3 个单相
跳线间隔棒使用"导线间隔棒"定额另计	
 跳线 1　　　　　　跳线 2	六分裂跳线 可见跳线串、重锤、跳线间隔棒
跳线串、跳线线夹安装定额同直线串、悬垂线夹	

项 目 名 称	备 注
耐张串单侧单相为 1 组	如 1 基交流单回路耐张塔耐张串应为 6 组
悬垂串以独立安装的为 1 串。绝缘子串之间有联板连接的按 1 串计算，但需区分单联或多联。工程量计算规则详见附录	
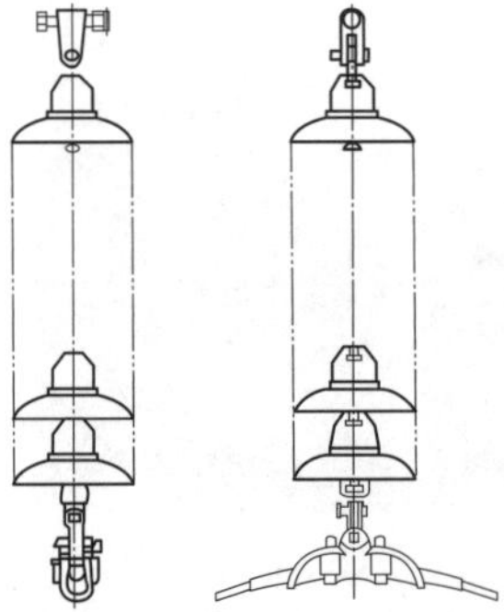 　　　　　　　　I 型单联串	图示工程量为"I 型单联串" 1 串

续表

项 目 名 称	备 注
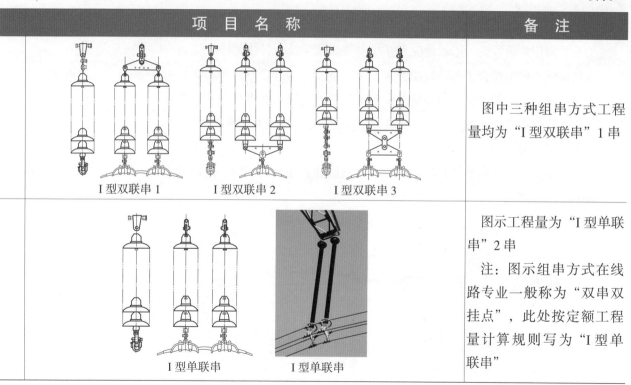 I 型双联串 1　　I 型双联串 2　　I 型双联串 3	图中三种组串方式工程量均为"I 型双联串"1 串
I 型单联串　　　I 型单联串	图示工程量为"I 型单联串"2 串 注：图示组串方式在线路专业一般称为"双串双挂点"，此处按定额工程量计算规则写为"I 型单联串"

项　目　名　称	备　注
不要漏记悬垂线夹，工程量应和直线串数量及导线分裂数保持对应	
悬垂线夹定额综合了各种挂线方式，按"单相"为计量单位，不区分每相的线夹数量，如以上实物图悬垂线夹安装工程量为1单相	
悬垂线夹安装定额按"导线缠绕铝包带线夹"及"导线缠绕预绞丝线夹"设置，应区分使用	
应注意此处"导线缠绕预绞丝线夹"与预绞式悬垂线夹不同，使用时定额无须进行调整	
导线缠绕预绞式线夹示意图　　　导线缠绕铝包带线夹示意图	

项 目 名 称	备 注
 导线缠绕铝包带线夹实物图	
铝包带为计价材，应避免重复计算材料费	
采用预绞式悬垂线夹的，使用"导线缠绕预绞丝线夹"定额乘 1.2 计算	定额说明中的"预绞丝悬垂线夹安装，按……乘 1.2"应为"预绞式悬垂线夹安装，按……乘 1.2"

项　目　名　称	备　注
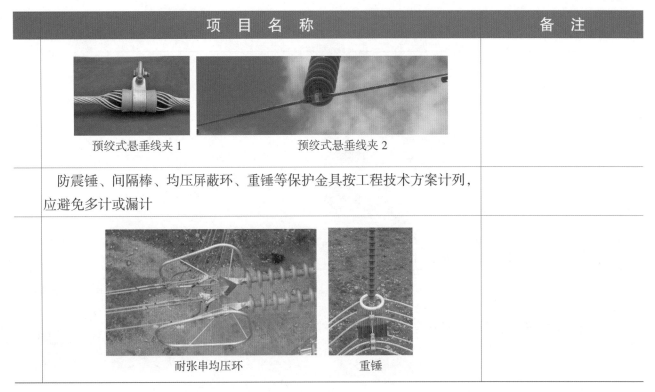	

预绞式悬垂线夹 1　　　　　　　　　预绞式悬垂线夹 2

防震锤、间隔棒、均压屏蔽环、重锤等保护金具按工程技术方案计列，应避免多计或漏计

耐张串均压环　　　　　　　　　重锤

续表

项 目 名 称	备 注
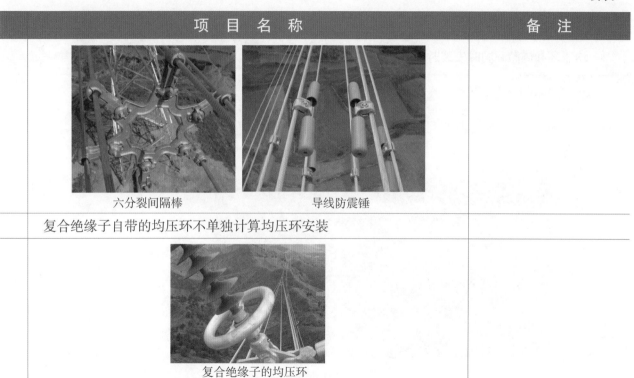六分裂间隔棒　　　　导线防震锤 复合绝缘子自带的均压环不单独计算均压环安装 复合绝缘子的均压环	

项 目 名 称	备 注
均压环和屏蔽环同时安装时不分别执行定额，只计算 1 次	
相间间隔棒以连接两相导线间的为 1 组	
相间间隔棒定额已包括相间间隔棒两端的导线间隔棒及均压环等所有组成部分的安装	
1 组相间间隔棒	

项 目 名 称	备 注
7 **辅助工程**	
以下内容均计入辅助工程，且应与线路专业评审人员核对工程量：施工道路修筑、尖峰基面开方、护坡、挡土墙、排洪沟、永久围堰、索道、标志牌、在线监测装置、防鸟装置、避雷装置、防坠落装置、耐张线夹探伤、输电线路试运等	
永久围堰　　　　　　护坡　　　　　　排洪沟	
新建线路标志牌只计安装费，不计材料费，材料费由生产准备费支出	

项　目　名　称	备　注
旧线路需更换标志牌的，定额按人工、机械乘 1.3 计算，标志牌按装材计列材料费	
 杆号牌　　　　　警示牌　　　　　　　相序牌	
避雷器安装定额已含单体调试	
35kV 线路不计输电线路试运费	
同一条输电线路，无论由几段架空或电缆组成，试运费都只计 1 次，建议计入架空线路工程	

第五章 电缆线路工程

项　目　名　称	备　注
以下内容只包括路上电缆工程	本章中未给出特殊说明的"定额"均指《电力建设工程概算定额　第五册　电缆输电线路工程（2018年版）》； 　　本章中未给出特殊说明的"第××章"均指《电力建设工程概算定额　第五册　电缆输电线路工程（2018年版）》章节号

项 目 名 称	备 注
根据《国家电网公司关于印发城市电力电缆通道规划与使用管理规范和城市综合管廊电力舱规划建设指导意见》（国家电网发展〔2014〕1459号）的规定，对于符合敷设电缆线路条件的区域，应坚持"谁主张、谁出资"原则。同时电缆通道应优先采用独立建设形式，包括直埋、排管、沟道、隧道等。当地方政府明确要求使用综合管廊，且建设资金落实、产权明晰时，可采用电力舱形式建设	
1　建筑部分	
破路面定额不含路面恢复或补偿，发生时建议计入建场费	
砖混结构的管井需拆分成砌筑、现浇两部分工程量，分别套用"砖砌构体"和"工井浇制"定额计算	

项　目　名　称	备　注

钢筋及埋件的加工制作需单独套定额计算	
支撑搭拆根据实际情况选用定额，评审时应与线路评审专业人员沟通核实	

砌筑电缆沟　　　　　现浇电缆沟

电缆沟支撑 1　　　　电缆沟支撑 2

项 目 名 称	备 注
电缆排管浇制工程量按混凝土净体积计算，需扣除内衬管体积	
排管浇制定额不包括内衬管安装，需套用"电缆保护管敷设"定额另行计算	
 电缆排管 1　　　　电缆排管 2　　　　电缆排管 3	不同材质的电缆排管
顶管定额包括工作坑开挖、回填，应避免重复计算	
采用超过 $\phi300\text{mm}$ 的大管径顶管时，建议用建筑行业市政定额计算	
顶管工井需要支护的，套用支撑搭拆定额另计	
顶管采用工井的，根据方案使用砖砌、现浇工井定额另计	

项　目　名　称	备　注
	顶管 2 有井壁支护 顶管 3 有浇制井壁

顶管 1　　　　　顶管 2

顶管 3

项 目 名 称	备 注
非开挖水平导向钻进定额包括工作坑开挖、回填	即拉管
拉管定额需区分单管与多管，工程量应包括弧度	
集束拉管按多管定额，工程量按最大孔径计算。定额选用规则详见附录	

拉管钻机 1　　　　拉管钻机 2

单管拉管　　　　多管拉管

项　目　名　称	备　注
充沙、电缆保护板一般只在直埋工艺下使用，应注意与线路专业评审人员核实	
电缆保护板适用两根及以内直埋电缆；两根以上的，每增加一根增加执行 YL1–77 一次	
电缆保护板　　电缆保护管及下方电缆　　简易沟直埋	简易沟直埋内部充沙，无电缆支架，敷设方式同直埋
电缆沟盖板为现场制作时，应套用电缆盖板制作定额计算费用	

项 目 名 称	备 注
现场制作沟盖板	
沟盖板 1　　沟盖板 2　　沟盖板 3	不同类型的成品沟盖板

项 目 名 称	备 注
电缆揭、盖沟盖板应按实际工作量计算，"1 揭 1 盖"工程量为 1 块。单揭或单盖的按定额 ×0.6 计算	例如，新建电缆沟共有盖板 20 块，每块重 30kg，由于新建工程不存在揭盖板的情况，定额应按 YL1–79×0.6×20 计算
若使用隧道要与线路专业评审人员进行核对	
电缆工程定额不包括隧道土建工程，可使用建筑工程概算定额，大规模的隧道也可参照建筑行业定额	
电缆隧道 1　　　　　　　电缆隧道 2	

项 目 名 称	备 注
当使用综合管廊电力舱敷设电缆时，应落实与综合管廊产权单位的费用划分界面，避免重复或漏计费用。当发生综合管廊租用费时，概算中只考虑施工期间租用费，不计列运维期间产生的费用	
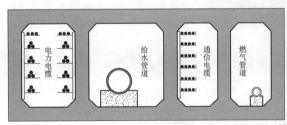  综合管廊示意图　　　综合管廊电力舱断面	
使用隧道、综合管廊时，应与线路专业评审人员落实通风、防水、排水、消防等设施的情况，以防漏项。发生时使用建筑定额计算	
挖方时需要采取边坡支护或降水措施的，使用建筑定额计算	

项　目　名　称	备　注
 电缆隧道（综合管廊）浇制	可见土钉与喷射混凝土支护
2　**电气部分**	**充油电缆略**
电缆支架、桥架按材质套用相应定额计算	
电缆桥架 1　　　　　　电缆桥架 2	

项 目 名 称	备 注
临时支架搭拆定额指为安装电缆而搭设的脚手架性质的临时支架，与电缆终端支架不同	
临时支架1　　　　　　　 临时支架2	
电缆敷设根据敷设方式套用相应的敷设定额，一条电缆线路采用多种敷设方式的，应分别计算	
35kV 使用三芯电缆的，按敷设定额乘 0.5 计算	

项 目 名 称	备 注
采用铝芯电缆时，按敷设定额人工、机械乘 0.9 计算	概算中若出现铝缆，应与线路专业评审人员核实
电缆敷设长度按电缆实际长度计算，包括损耗、弯头、蛇形敷设、上塔、接头的预留等。评审时应与线路专业评审人员核实电缆长度	
电缆敷设定额已含感温电缆的敷设，发生时感温电缆只计材料费	
 感温电缆 1 　　　　　　　感温电缆 2	左图红色球形为灭火弹
冬季施工需要进行电缆加热的，可套用"冬季电缆加热"定额计算	需与线路专业评审人员落实具体方案

项 目 名 称	备 注
当电缆、架空混合架设时，不要漏计随电缆敷设的光缆	
随电缆辅助的光缆使用通信册相关定额计算	
当电缆、架空混合架设时，光缆全程测量只计 1 次，计入架空线路工程	
垂直敷设部分执行隧道内电缆敷设定额，按人工、机械乘 2.0 计算	
电缆沿桥架敷设，执行排管敷设定额	

蛇形敷设 1

蛇形敷设 2

项　目　名　称	备　注
电缆出线的线路工程，电缆线路起点为变电站内的电缆终端头	
 单芯户内终端头　　　单芯户外终端头	GIS 终端参见电气部分
电缆头种类、数量要与技术文件一致。需注意核对终端头数量与电缆根数的匹配关系	
电缆终端及电缆避雷器的支架在变电站内的计入变电站建筑工程，在线路终端塔侧的计入线路工程，一般不计入电缆工程。应注意不要漏计	

项　目　名　称	备　注
当需要使用电缆中间头时，需与线路专业评审人员核实数量	
单芯电缆头一支为单相，三芯电缆头一支为三相，计算电缆头价格时应仔细核对	
电缆接地按技术方案套用相应定额，应与线路专业评审人员核实	
使用"经护层保护器接地箱"定额子目后，其中护层保护器不需要再单独套用"护层保护器安装"定额子目	

直接接地箱　　　　　　　护层保护接地箱

项 目 名 称	备 注
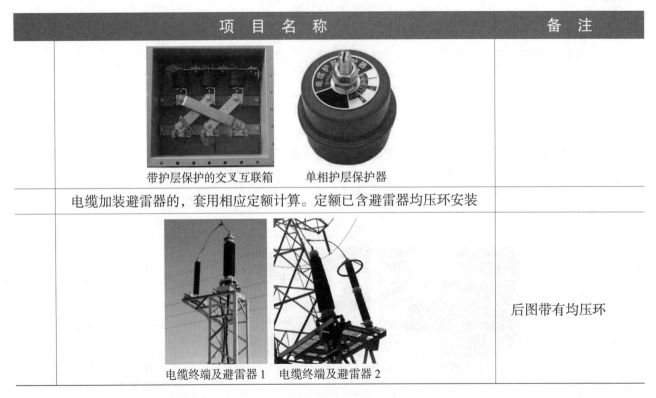 带护层保护的交叉互联箱　　单相护层保护器	
电缆加装避雷器的，套用相应定额计算。定额已含避雷器均压环安装	
电缆终端及避雷器 1　　电缆终端及避雷器 2	后图带有均压环

项 目 名 称	备 注
电缆线路工程的过路、引上等电缆保护管需单独计算安装费及材料费	
电缆防火根据技术方案套用相应定额计算	参见电气部分全站电缆图示
电缆护层试验定额中的单位为"互联段"。可按交叉互联接地箱为"互联段"的端点计算	定额指南将互联段解释为电缆 ABC 三相采用交叉换位时，被交接点隔开的各段电缆。这与实际情况不符，单芯电缆本身在换位点并不打开护套，无法进行护层试验。此处应为电缆护层的交叉换位点隔开的各段电缆。见后图

项　目　名　称	备　注
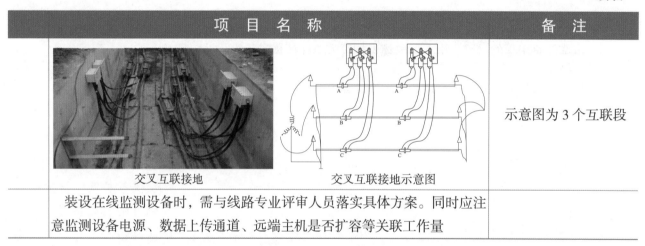 交叉互联接地　　　　　交叉互联接地示意图	示意图为 3 个互联段
装设在线监测设备时，需与线路专业评审人员落实具体方案。同时应注意监测设备电源、数据上传通道、远端主机是否扩容等关联工作量	

第六章　其他费用

项 目 名 称	备 注
以下未做说明的按《预规》执行	
1　　建设场地征用及清理费	
根据《划拨用地目录》（国土资源部令第 9 号）规定，电力建设用地为"划拨"形式取得，为无偿无限期使用。预规中规定的"土地征用费"仅指土地补偿费、塔基占地费、安置补偿、耕地开垦、勘测定界及与土地相关的手续费、证书费和税金等，与当地土地的出让价格无关	此处"土地征用费"容易引起歧义，应熟知概念，不要被地产开发获地价格误导
土地补偿款、安置补偿费执行河北省政府征地区片综合地价	
征地区片综合地价涵盖农用地、建设用地和未利用地。各类土地征收补偿均执行此统一标准	
征地区片综合地价含土地补偿费和安置补助费。土地补偿费按照征地区片综合地价的 20%、安置补助费按照征地区片综合地价的 80% 分配使用	

项 目 名 称	备 注
由地方政府分批次建设用地占用耕地的，费用由政府承担，不在工程中计列。电网工程单独选址占用耕地的，需缴纳耕地开垦费，单价 10～15 元 /m²。需在相邻县（市、区）调剂补充耕地的，另缴纳耕地调剂费，单价 18 万 / 亩。统一计入土地征用费	参见《耕地占补平衡考核办法》（国土资源部令第 33 号）；《中共中央国务院关于加强耕地保护和改进占补平衡的意见》(中发〔2017〕4 号）；《河北省土地管理条例》；《河北省补充耕地指标省级调剂暂行办法》
被征地农民社会保障费及风险基金按工程所在地政策计算，统一计入土地征用费	

项 目 名 称	备 注
新增建设用地土地有偿使用费应由申请办理新增建设用地审批手续的市、县人民政府缴纳，不得计入工程征地费	参见《关于印发新增建设用地土地有偿使用费收缴使用管理办法的通知》（财综字〔1999〕117号）《财政部 国土资源部 中国人民银行关于调整新增建设用地土地有偿使用费政策等问题的通知》（财综〔2006〕48号）
冀北地区线路工程不办理土地证，不发生勘测定界、证书及税金等与土地证相关的费用，土地征用费的整体价格应低于同地区变电工程	
征地区片综合地价不包括地上物补偿及青苗补偿，发生时应按当地政府规定价格单独计算	

项　目　名　称	备　注
材料站、牵张场、施工作业面、施工道路及施工各方临时办公场所引起的临时占地及清理恢复的相关费用计入施工场地租用费	
由临时占地引起的树木砍伐、经济作物补偿等相关费用应与塔基永久占地引起的同类费用分开计算	
临时占地面积及附带树木砍伐、经济作物补偿工程量应根据施组计算，并经线路专业评审通过	
材料占、牵张场数量按施组计算。施组未做规定的，一般长度 50km 以内线路设材料站 1 处，导地线牵张场 6km 1 处，OPGW 牵张场 4km 1 处，OPPC 牵张场 3km 1 处，并扣除共用牵张场的数量	
青苗补偿的计列要符合实际，无农作物的区域或施工方式不对农作物造成破坏的，不计青苗补偿	
违章建筑原则上概算按"只拆不补"的原则计列费用，即只考虑拆除不计补偿	

项 目 名 称	备 注
线路在原有路径下拆除重建的，不得计列原线路遗留树木砍伐、房屋拆迁等费用	由运维费解决
跨越铁路、公路等引起的协调补偿费用计入输电线路跨越补偿费	
水土保持补偿费计入建设场地征用及清理费	
2　前期工作费	
根据《国网基建部关于转发中电联电力建设工程定额和费用计算规定（2018）年版实施有关事项等文件的通知》(基建技经〔2020〕29号）的要求，《国家电网公司办公厅转发中电联关于落实〈国家发改委关于进一步放开建设项目专业服务价格的通知〉的指导意见的通知》(办基建〔2015〕100号）继续沿用，可研阶段前期费按此文件标准计取，不发生的不计取。初设阶段按合同价计入概算	

项 目 名 称	备 注
3	**勘测设计费**	
设计费计费沿用(办基建〔2015〕100号)相关要求,可研阶段按(国家电网电定〔2014〕19号)计算,初设阶段按合同价直接计入概算	
无新征地的改扩建工程,原则上不计列勘测费	
《国网办公厅关于印发输变电工程三维设计费用计列意见的通知》(办基建〔2018〕73号)继续沿用,采用三维设计的工程设计费上浮10%	
按《国家电网公司电力建设定额站关于颁布〈输变电工程三维设计数字化移交费用标准(试行)〉的通知》(国家电网电定〔2020〕31号)计列相关费用	
4	**环境监测及环保验收费**	
参照相关的政策文件或框架服务协议价格计算	
5	**水保监测及验收费**	
参照相关政策文件或框架服务协议价格计算	

项 目 名 称	备 注
6 **生产准备费**	
不计车辆购置费	
无人值守站按工器具费用乘 0.8 计算	
无人值守站、变电站扩建、通信工程职工培训费按变电站费率乘 0.5 计算	
电缆线路工程职工培训费按架空线路费率乘 0.5 计算	
7 **大件运输措施费**	
若发生要有明确的措施方案，并依据国家电网公司《关于印发电网工程大件设备运输方案费用计列指导依据的通知》（国家电网电定〔2014〕9号）计算	应注意此处为措施费，不是运输费

附录 1

35~750kV 输变电工程安装调试定额
应用等 2 项指导意见（2021 年版）

前　　言

　　本指导意见遵照国家法律、法规、规章及电力行业有关规定编制，具体明确了35 ～ 750kV 输变电工程安装调试定额使用和电力系统通信工程定额调试项目计列意见。

　　本指导意见由国家电网有限公司电力建设定额站归口管理，由国网上海电力建设定额站牵头组织，中国电力企业联合会电力建设技术经济咨询中心具体实施，各编制单位负责解释。

　　主要审核人：葛兆军、张强、杨健、张昉、赵奎运、夏华丽、余菊芳、俞敏、马卫坚、于波、张致海、樊海荣、刘毅、邢琦、王道静

　　共性部分主要编制人：王玖凯、季咏梅、刘强、韩东、陈凯玲、闫微

　　各指导意见配合编制单位及主要编制人员如下：

　　《35 ～ 750kV 输变电工程安装调试定额应用指导意见》

　　编制单位：国网陕西电力建设定额站、冀北电力有限公司电力建设定额站、国网河北电力建设定额站

　　主要编制人：刘薇、王晟杰、孙杨、董子晗、袁斌、范西荣、杨玉群、王敏、李锋涛、孙斌、苏燎

　　《电力系统通信工程定额调试项目应用指导意见》

　　编制单位：国网陕西电力建设定额站、国网四川电力建设定额站

　　主要编制人：王晟杰、董子晗、李庆宇、范西荣、杨玉群、姚普及、孙斌、孙杨、苏燎、李均华

第一部分　35 ~ 750kV 输变电工程安装调试定额应用指导意见

使 用 说 明

1.为了提高输变电工程调试项目费用计列的科学性和合理性，规范输变电工程调试项目计价行为，统一输变电工程调试项目计价文件的编制原则和计价方法，维护工程建设各方的合法权益，促进电力建设事业健康发展，制定本指导意见。

2.本意见针对国家能源局发布的《电力建设工程预算定额（2018 年版）》中 112 项调试项目，按照调试规程规范要求，结合调试工作实际情况，分析各项调试项目的适用范围，提出调试项目的计列条件，为规范调试定额的应用提供借鉴。

3.本意见适用于 35 ~ 750kV 交流新建变电站工程、扩建主变、间隔工程以及单独改造线路保护工程，不涉及直流工程、特高压交流工程以及通信工程。

4.本意见为电网工程可研估算、初步设计概算和施工图预算调试项目费用计列参考，应与《电力建设工程预算定额（2018 年版）》配套使用，工程结算应根据确定的调试方案计列。按照单体调试、分系统调试、特殊调试和整套启动调试分类，定额编号、子目设置与 2018 年版预算定额保持一致，工程量计算规则参照相关规程规范、预算定额章说明和定额使用指南。

5. 本意见按照以下文件或标准编制：

（1）《电力建设工程预算定额（2018年版）第三册 电气设备安装工程》

（2）《电力建设工程预算定额（2018年版）第六册 调试工程》

（3）GB 50150-2016 电气装置安装工程 电气设备交接试验标准

（4）GB/T 7261-2016 继电保护和安全自动装置基本试验方法

（5）GB/T 12022-2014 工业六氟化硫

（6）DL/T 1664-2016 电能计量装置现场检验规程

（7）Q/GDW 10431-2016 智能变电站自动化系统现场调试导则

（8）Q/GDW 11145-2014 智能变电站二次系统标准化现场调试规范

国家电网有限公司 35 ~ 750kV 输变电工程调试定额应用指导意见

序号	调试项目	调试子目种类	定额编号	单位	定额调试项目应用建议
1. 单体调试					
1.1	保护装置调试	1. 变压器保护装置	YD12–14 ~ 20	台 / 三相	新建、扩建变电站工程配置相应保护装置时计列
		2. 送配电保护装置	YD12–28 ~ 34	间隔	
		3. 母线保护	YD12–36 ~ 43	套	
		4. 母联保护	YD12–45 ~ 49	间隔	
		5. 断路器保护装置	YD51~53	台 / 三相	
1.2	自动装置调试	1. 故障录波器	YD12–55	套	新建、扩建变电站工程配置相应自动装置时计列
		2. 备用电源自投装置	YD12–56 ~ 58	套	

续表

序号	调试项目	调试子目种类	定额编号	单位	定额调试项目应用建议
1.2	自动装置调试	3. 自动调频装置	YD12–59	套	新建、扩建变电站工程配置相应自动装置时计列
		4. 准同期装置	YD12–60 ~ 61	套	
		5. 就地判别装置	YD12–62	套	
		6. 事故照明切换装置	YD12–63	套	
		7. 低频减负荷装置	YD12–64	套	
		8. 远动装置本体	YD12–65	套	
		9. 蓄电池自动充电装置	YD12–66~68	套	
		10. 逆变电源装置	YD12–69	套	
		11. 无功补偿自动装置	YD12–76	套	
		12.PMU 同步相量装置	YD12–78	套	
		13. 故障测距装置	YD12–88	套	
		14. 消弧线圈自动调谐装置	YD12–89	套	

续表

序号	调试项目	调试子目种类	定额编号	单位	定额调试项目应用建议
1.2	自动装置调试	15. 小电流接地选线装置	YD12-90	套	新建、扩建变电站工程配置相应自动装置时计列
		16. 电压并列装置	YD12-91	套	
		17. 电能质量采集装置	YD12-92	套	
		18. 继电保护试验电源装置	YD12-93	套	
		19. 变压器冷却控制装置	YD12-94	套	
		20. 变压器有载调压装置	YD12-95	套	
		21. 区域安全稳定控制装置	YD12-96 ~ 99	套	
		22. 电能质量监测装置	YD12-101 ~ 104	套	

序号	调试项目	调试子目种类	定额编号	单位	定额调试项目应用建议
		23. 变电站自动化系统测控装置	YD12-106 ~ 111	套	
1.3	变电站、升压站微机监控元件调试		YD12-119-122	站	新建变电站工程计列
1.4	智能变电站调试	1. 合并单元	YD12-124~130	套	新建、扩建变电站工程配置相应装置时计列
		2. 智能终端	YD12-131~137	套	
		3. 网络报文记录和分析装置调试	YD12-138~143	站	新建变电站工程计列

续表

序号	调试项目	调试子目种类	定额编号	单位	定额调试项目应用建议
1.5 二次系统安全防护	1.5.1 二次系统安全防护设备调试	1. 交换机	YD12–144	台	新建、扩建变电站工程配置相应装置时计列
		2. 路由器	YD12–145	台	
		3. 硬件防火墙	YD12–146	台	
		4. 纵向加密认证装置	YD12–147	台	
		5. 横向加密认证装置	YD12–148	台	
		6. 入侵检测系统	YD12–149	台	
		7. 其他网络设备	YD12–150	台	
	1.5.2 计算机安全防护措施检测	1. 服务器 / 操作系统	YD12–151	套	
		2. 工作站 / 操作系统	YD12–152	套	
	1.5.3 信息安全评测（等级保护测评）	1. 服务器	YD12–153	套	
		2. 工作站	YD12–154	套	
		3. 网络设备	YD12–155	套	

续表

序号	调试项目	调试子目种类	定额编号	单位	定额调试项目应用建议
2 分系统调试					
2.1	电力变压器分系统调试		YS5-1 ~ 18	系统	新建、扩建变压器时计列
2.2	送配电设备分系统调试		YS5-19 ~ 28	系统	新建、扩建配电装置时计列
2.3	母线分系统调试		YS5-29 ~ 37	段	新建、扩建母线电压互感器时计列
2.4 变电站综合自动化系统调试	2.4.1 变电站微机监控分系统调试		YS5-38 ~ 44	站	新建变电站工程，扩建主变、间隔工程，单独改造线路保护工程计列

续表

序号	调试项目	调试子目种类	定额编号	单位	定额调试项目应用建议
2.4 变电站综合自动化系统调试	2.4.2 变电站五防分系统调试		YS5–45 ~ 51	站	新建变电站工程，扩建主变、间隔工程计列
	2.4.3 变电站故障录波分系统调试		YS5–52 ~ 58	站	新建变电站工程，扩建主变、间隔工程计列
	2.4.4 网络报文监视系统调试		YS5–59 ~ 65	站	新建变电站工程当配有网络报文监视系统时计列
	2.4.5 信息一体化平台调试		YS5–66 ~ 72	站	新建变电站工程计列

续表

序号	调试项目	调试子目种类	定额编号	单位	定额调试项目应用建议
2.4 变电站综合自动化系统调试	2.4.6 变电站远动分系统调试		YS5-73 ~ 79	站	新建变电站工程计列
2.5	变电站时间同步分系统调试		YS5-80 ~ 82	站	新建变电站工程计列
2.6 电网调度自动化及二次安防分系统调试	2.6.1 电网调度自动化分系统调试		YS5-83 ~ 89	站	新建变电站工程，扩建主变、间隔工程，单独改造线路保护工程计列

续表

序号	调试项目	调试子目种类	定额编号	单位	定额调试项目应用建议
2.6 电网调度自动化及二次安防分系统调试	2.6.2 二次系统安全防护分系统调试	1. 主站（省、地、县调）接入 35kV 等级站、接入 110kV 等级站、接入 220kV 等级及以上站	YS5–90~93	站	新建变电站工程计列
		2. 主站（省、地、县调）继电保护和故障波信息管理系统、配电自动化系统、电能量计量系统、大客户负荷管理系统	YS5–93~96	站	调度端新增各类系统时计列，变电工程不计列
		3. 变电站	YS5–97~103	站	新建变电站工程，扩建主变、间隔工程，单独改造线路保护工程计列

序号	调试项目	调试子目种类	定额编号	单位	定额调试项目应用建议
2.6 电网调度自动化及二次安防分系统调试	2.6.3 信息安全测评分系统（等级保护测评）调试	1. 主站（省、地、县调）接入 35kV 等级站、接入 110kV 等级站、接入 220kV 等级及以上站、接入 500kV 等级及以上站	YS5–104~107	站	新建变电站工程计列
		2. 主站（省、地、县调）调度自动化系统、调度数据网	YS5–108~109	站	1. 调度端新建调度自动化系统和调度数据网时计列。 2. 变电工程不计列
		3. 变电站自动化系统信息安全评测系统	YS5–110~114	站	新建变电站工程，扩建主变工程计列

续表

序号	调试项目	调试子目种类	定额编号	单位	定额调试项目应用建议
2.7 变电站辅助系统调试	2.7.1 智能辅助系统调试		YS5–153 ~ 157	站	新建变电站工程计列
	2.7.2 状态监测系统调试		YS5–158 ~ 162	站	新建变电站工程配置状态监测系统时计列
2.8 变电站交、直流电源系统调试	2.8.1 交直流电源一体化系统调试		YS5–129 ~ 135	站	仅新建变电站工程配置交直流一体化电源设备的变电站计列，同时不再执行其他电源系统调试项目

续表

序号	调试项目	调试子目种类	定额编号	单位	定额调试项目应用建议
2.8 变电站交、直流电源系统调试	2.8.2 变电站直流电源分系统调试		YS5-136 ~ 142	站	1. 新建变电站工程未采用交直流一体化电源方案的直流电源系统计列。 2. 扩建主变、间隔工程计列
	2.8.3 变电站交流电源分系统调试		YS5-143 ~ 149	站	1. 新建变电站工程未采用交直流一体化电源方案的交流电源系统计列。 2. 扩建主变、间隔工程计列
	2.8.4 不停电电源分系统调试		YS5-150 ~ 154	系统	新建变电站工程未采用交直流一体化电源方案的不停电电源系统计列

续表

序号	调试项目	调试子目种类	定额编号	单位	定额调试项目应用建议
2.8 变电站交、直流电源系统调试	2.8.5 变电站事故照明分系统调试		YS5–155 ~ 161	站	新建变电站工程未采用交直流一体化电源方案的事故照明系统计列
2.9 其他二次系统调试	2.9.1 安全稳定分系统调试		YS5–162 ~ 166	站	配置安全稳定控制系统时计列
	2.9.2 保护故障信息主站分系统调试		YS5–167 ~ 170	站	1.新建保护故障信息子（分）站接入调度端保护故障信息主站时计列。2.新建保护故障信息主站时，按接入子（分）站数量计算工程量

序号	调试项目	调试子目种类	定额编号	单位	定额调试项目应用建议
2.9 其他二次系统调试	2.9.3 变电站保护故障信息子（分）站分系统调试		YS5–171 ~ 175	站	1.配置独立保护故障信息子站时计列。未配置独立保护故障信息子站装置，但变电站能够且需要实现保护及故障信息功能时计列。 2.若扩建主变、间隔工程涉及保护故障信息子（分）站扩容时计列
	2.9.4 变电站同期分系统调试		YS5–176 ~ 181	站	1.配置独立同期装置计列。 2.未配置独立同期装置，但变电站能够且需要实现同期功能时计列

续表

序号	调试项目	调试子目种类	定额编号	单位	定额调试项目应用建议
2.9 其他二次系统调试	2.9.5 变电站同步相量（PMU）分系统调试		YS5–182 ~ 185	站	配置同步相量测量系统时计列
	2.9.6 自动电压无功控制（AVQC）分系统调试		YS5–186 ~ 190	站	配置自动电压无功控制系统时计列
	2.9.7 备用电源自动投入分系统调试		YS5–191 ~ 195	系统	配置备用电源自动投入系统时计列

序号	调试项目	调试子目种类	定额编号	单位	定额调试项目应用建议
3 整套启动调试					
3.1	变电站（升压站）试运		YS6-1~7	站	新建变电站工程，扩建主变、间隔工程，单独改造线路保护工程计列
3.2	变电站监控系统调试		YS6-8~14	站	新建变电站工程，扩建主变、间隔工程，单独改造线路保护工程计列
3.3	电网调度自动化系统调试		YS6-15~21	站	新建变电站工程，扩建主变、间隔工程，单独改造线路保护工程计列

续表

序号	调试项目	调试子目种类	定额编号	单位	定额调试项目应用建议
3.4	二次系统安全防护调试	1. 调度（主站端）	YS6-22	系统	1. 调度端新增继电保护和故障录波信息管理系统、配电自动化系统、电能量计量系统、大客户负荷管理系统时计列。 2. 变电工程不计列
		2. 变电站（子站）	YS6-23	站	新建变电站工程，扩建主变、间隔工程，单独改造线路保护工程计列

续表

序号	调试项目	调试子目种类	定额编号	单位	定额调试项目应用建议
4 特殊调试					
4.1 变压器特殊试验	4.1.1 变压器长时间感应耐压试验带局部放电试验		YS7–1 ~ 6	台	1. 110kV 及以上电压等级变压器计列。 2.35kV 变压器不计列
	4.1.2 变压器交流耐压试验		YS7–7 ~ 12	台	1. 110kV 及以上电压等级变压器计列。 2. 35kV 及以下电压等级变压器交流耐压试验已包含在安装定额内

续表

序号	调试项目	调试子目种类	定额编号	单位	定额调试项目应用建议
4.1 变压器特殊试验	4.1.3 变压器绕组变形试验		YS7-13 ~ 19	台	35kV 及以上电压等级变压器时变压器计列
4.2	断路器耐压试验		YS7-20~25	台	1. 110kV 及以上电压等级断路器计列。 2. 35kV 及以下电压等级断路器交流耐压试验已包含在安装定额内
4.3	穿墙套管耐压试验		YS7-26~31	支	1. 110kV 及以上电压等级穿墙套管计列。 2. 35kV 及以下电压等级穿墙套管交流耐压试验已包含在安装定额内

续表

序号	调试项目	调试子目种类	定额编号	单位	定额调试项目应用建议
4.4	金属氧化物避雷器持续运行电压下持续电流测量		YS7-32~37	组	110kV 及以上电压等级金属氧化物避雷器计列
4.5	支柱绝缘子探伤试验		YS7-38~43	柱	110kV 及以上电压等级支柱绝缘子计列
4.6	耦合电容器局部放电试验		YS7-44~48	台	35kV 及以上电压等级耦合电容器计列

续表

序号	调试项目	调试子目种类	定额编号	单位	定额调试项目应用建议
4.7 互感器局部放电、交流耐压试验	4.7.1 互感器局部放电试验		YS7–49~55	台	35kV 及以上电压等级互感器计列
	4.7.2 互感器交流耐压试验		YS7–56~61	台	1. 110kV 及以上电压等级互感器计列。 2. 35kV 及以下电压等级互感器交流耐压试验已包含在安装定额内
4.8 GIS（HGIS、PASS）耐压、局部放电试验	4.8.1 GIS（HGIS、PASS）交流耐压试验	1. 交流耐压试验	YS7–62 ~ 67	间隔	1. 110kV 及以上电压等级计列，包括带断路器间隔和母线设备间隔。不再重复执行断路器、互感器交流耐压试验定额。 2. 35kV GIS（HGIS、PASS）交流耐压试验已包含在安装定额内

序号	调试项目	调试子目种类	定额编号	单位	定额调试项目应用建议
4.8 GIS（HGIS、PASS）耐压、局部放电试验	4.8.1 GIS（HGIS、PASS）交流耐压试验	2. 同频同相交流耐压试验	YS7-68 ~ 69	间隔	1. 扩建间隔工程若采用同频同相交流耐压技术时计列。2. 新建工程不计列
	4.8.2 GIS（HGIS、PASS）局部放电带电检测		YS7-70~75	间隔	110kV 及以上电压等级计列，包括带断路器间隔和母线设备间隔。不再重复执行断路器、互感器局部放电试验定额
4.9 接地网参数测试	4.9.1 接地网阻抗测试	1. 变电站	YS7-76~82	站	新建变电站工程计列

序号	调试项目	调试子目种类	定额编号	单位	定额调试项目应用建议
4.9 接地网参数测试	4.9.1 接地网阻抗测试	2. 独立避雷针	YS7–83	基	配置独立避雷针时计列
	4.9.2 接地引下线及接地网导通测试		YS7–82 ～ 86	站	新建变电站工程，扩建主变、间隔工程计列
4.10	电容器在额定电压下冲击合闸试验		YS7–92~94	组	110kV 及以下电压等级电容器计列
4.11	绝缘油综合试验	1. 三相电力变压器	YS7–95~101	台	油浸式变压器计列，油浸式电抗器按同容量变压器计列

续表

序号	调试项目	调试子目种类	定额编号	单位	定额调试项目应用建议
4.11	绝缘油综合试验	2. 单相电力变压器	YS7-102~113	台	油浸式变压器计列,油浸式电抗器按同容量变压器计列
		3. 互感器	YS7-114	台	油浸式互感器计列,油浸式断路器参照计列
4.12	SF$_6$气体综合试验	1. GIS(HGIS、PASS)SF$_6$气体综合试验	YS7-115~117	间隔	GIS(HGIS、PASS)设备计列
		2. 断路器SF$_6$气体综合试验	YS7-118	台	敞开式断路器计列,敞开式互感器参照计列
		3. SF$_6$气体全分析试验	YS7-119	站	新建、扩建含SF$_6$气体设备时计列
4.13	相关表计校验	1. 关口电能表误差校验、数字化关口电能表误差校验	YS7-120~121	块	关口电能表计列

续表

序号	调试项目	调试子目种类	定额编号	单位	定额调试项目应用建议
4.13	相关表计校验	2. SF$_6$密度继电器、气体继电器	YS7-122~123	块	SF$_6$密度继电器、气体继电器计列
4.14	互感器误差测试	1. 电流互感器	YS7-124~130	组	1. 35kV 及以上电压等级互感器计列。 2. 10kV 关口计量互感器计列
		2. 电压互感器	YS7-131~137		
		3. 电子式电流互感器	YS7-138~141		
		4. 电子式电压互感器	YS7-142~145		

序号	调试项目	调试子目种类	定额编号	单位	定额调试项目应用建议
4.15	电压互感器二次回路压降测试		YS7-146~152	组	1. 计量用（母线）电压互感器计列。 2. 线路电压互感器不计列。 3. 电压互感器与电能表集成安装在开关柜时不计列
4.16	计量二次回路阻抗（负载）测试		YS7-153~159	组	1. 计量用电流互感器、电压互感器计列。 2. 线路电压互感器不计列。 3. 互感器与电能表集成安装在开关柜时不计列

第二部分　电力系统通信工程定额调试
项目应用指导意见

使 用 说 明

1. 为提高系统通信工程调试项目费用计列的科学性和合理性，规范工程建设预算等造价文件的编制，维护工程建设各方的合法权益，促进电力建设事业健康发展，制定本指导意见。

2. 本意见针对国家能源局发布的《电力建设工程预算定额(2018年版)》中75项调试项目，按照调试规程规范要求，结合调试工作实际情况，分析各项调试项目的适用范围，提出调试项目的计列建议和工程量计算应用建议，为规范通信定额的应用提供指导和借鉴。

3. 本意见适用于光纤通信工程中光纤同步数字传输设备和光传送网（OTN）设备，以及交换设备和数据通信设备定额调试项目的应用。

4. 本意见为电网工程可研估算、初步设计概算和施工图预算中调试项目费用计列参考，是《电力建设工程预算定额（2018年版）》的应用细化，工程结算应根据确定的调试方案计列。定额编号、子目设置与2018年版预算定额保持一致。

5. 本意见按照以下文件或标准编制：

（1）《电力建设工程预算定额（2018年版）第七册 通信工程》

（2）GB/T 50980-2014 电力调度通信中心工程设计规范

（3）DL/T 1510-2016 电力系统光传送网（OTN）测试规范

（4）DL/T 5524-2016 电力系统光传送网（OTN）设计规范

（5）DL/T 5344-2018 电力光纤通信工程验收规范

（6）DL/T 1379-2014 电力调度数据网设备测试规范

（7）YD/T 5095-2014 同步数字体系（SDH）光纤传输系统工程设计规范

国家电网有限公司电力系统通信工程定额调试项目应用指导意见

序号	调试项目	调试子目种类	定额编号	单位	调试项目计列建议	工程量计算应用建议
1. 光纤同步数字（SDH）传输设备						
1.1	分插复用器（ADM）	10Gb/s	YZ1–5	套	新增分插复用器（ADM）时计列	按照不同速率基本配置的成套光端机数量计算
		2.5Gb/s	YZ1–6	套		
		622Mb/s	YZ1–7	套		
		155Mb/s	YZ1–8	套		
1.2	终端复用器（TM）	10Gb/s	YZ1–9	套	新增终端复用器（TM）时计列	按照不同速率基本配置的成套光端机数量计算
		2.5Gb/s	YZ1–10	套		
		622Mb/s	YZ1–11	套		
		155Mb/s	YZ1–12	套		

序号	调试项目	调试子目种类	定额编号	单位	调试项目计列建议	工程量计算应用建议
1.3	接口单元盘（SDH）	10Gb/s	YZ1–14	块	除新增光端机基本配置以外，还配置有其他光板才计列。对于分叉复用器（ADM）是指除 2 块高阶光板以外增加配置的光板；对于终端复用器（TM）是指除 1 块高阶光板以外增加配置的光板	按照不同速率接口单元盘配置数量计算

续表

序号	调试项目	调试子目种类	定额编号	单位	调试项目计列建议	工程量计算应用建议
1.3	接口单元盘（SDH）	2.5Gb/s	YZ1-15	块		
		622Mb/s	YZ1-16	块		
		155Mb/s（光）	YZ1-17	块		
		155Mb/s（电）	YZ1-18	块		
		45M/34Mb/s	YZ1-19	块		
1.4	调测基本子架及公共单元盘	622Mb/s 以下	YZ1-20	套	在原有光端机上扩容接口单元盘时计列	按照需扩容光端机数量计算。同一套光端机上无论增加的接口单元盘的数量、种类多少，每次扩容时同 1 套光端机只计算 1 次
		622Mb/s 以上	YZ1-21	套		
1.5	扩容接口单元盘（SDH）	10Gb/s	YZ1-22	块	在原有光端机上扩容接口单元盘时计列	按照不同类型、不同速率的扩容接口单元盘数量分别计算

序号	调试项目	调试子目种类	定额编号	单位	调试项目计列建议	工程量计算应用建议
1.5	扩容接口单元盘（SDH）	2.5Gb/s	YZ1–23	块	在原有光端机上扩容接口单元盘时计列	按照不同类型、不同速率的扩容接口单元盘数量分别计算
		622Mb/s	YZ1–24	块		
		155Mb/s（光）	YZ1–25	块		
		155Mb/s（电）	YZ1–26	块		
		45M/34M/2Mb/s	YZ1–27	块		
		数据接口	YZ1–28	块		
1.6	光转换器		YZ1–29	个	光路传输系统中配置有光转换器时计列	按照配置数量计算
1.7	光功率放大器	内置	YZ1–30	套	光端机配置内置光功率放大板时计列	按照配置数量计算

续表

序号	调试项目	调试子目种类	定额编号	单位	调试项目计列建议	工程量计算应用建议
		外置	YZ1–31	套	光路传输系统中配置外置光功率放大器时计列	按照配置数量计算
1.8	协议转换器		YZ1–32	个	光路传输系统中配置协议转换器时计列	按照配置数量计算
1.9	2M 切换装置		YZ1–33	台	配置 2M 切换装置时计列	按照配置数量计算
1.10	光纤线路自动切换保护装置（OLP）		YZ1–34	台	配置光纤线路自动切换保护装置（OLP）时计列	按照配置数量计算

序号	调试项目	调试子目种类	定额编号	单位	调试项目计列建议	工程量计算应用建议
1.11	数字线路段光端对测	端站	YZ1–35	方向·系统	新增或扩容光接口单元盘时计列	按照本站新增光接口单元盘中本期使用端口数量计列。如新增一块四光口接口单元盘，本期使用其中两个光口，工程量应计列为 2 方向·系统。仅指本端至对端的调测。变电站一般为端站，执行 YZ1–35 子目；独立中继站执行 YZ1–36 子目
		中继站	YZ1–36	方向·系统		

续表

序号	调试项目	调试子目种类	定额编号	单位	调试项目计列建议	工程量计算应用建议
1.12	光、电调测中间站配合		YZ1-37	站	光路传输经过中间站需进行光、电跳线工作时才计列	按照需进站做跳线配合工作的中间站数量计算
1.13	保护倒换测试		YZ1-38	环 / 系统	新增光端机且本身有保护倒换时才计列	新增光端机只有 1+0 光通道接入通信网时不存在保护倒换，至少需有 2 个光通道接入现有光通信网时才存在此测试工作，且每新增 1 套光端机接入通信网时只计 1 次

2. 光传送网（OTN）设备

序号	调试项目	调试子目种类	定额编号	单位	调试项目计列建议	工程量计算应用建议
2.1	OTN 基本成套设备	2 个光路系统	YZ1-39	套	新增光传送网（OTN）设备时计列	按照光传送网（OTN）设备配置数量计算

续表

序号	调试项目	调试子目种类	定额编号	单位	调试项目计列建议	工程量计算应用建议
2.2	OTN光路系统	1个光系统	YZ1-40	套	新增光传送网（OTN）设备基本配置（2个光路系统）以外的光路系统计列	按照增装光路系统数量计算
2.3	OTN电交叉设备	3.2Tbit/s以下	YZ1-41	套	配置OTN电交叉设备时计列	按照相应速率OTN电交叉设备配置数量计算
		3.2Tbit/s以上	YZ1-42	套		
2.4	OTN光交叉设备	1个维度	YZ1-43	维度	配置OTN光交叉设备时计列	按照OTN光交叉设备维度数量计算
2.5	光波长转换器（OTU）		YZ1-44	块	配置光波长转换器（OTN）时计列	按照光波长转换器（OTU）配置数量计算

续表

序号	调试项目	调试子目种类	定额编号	单位	调试项目计列建议	工程量计算应用建议
2.6	增装调测合波器、分波器	40 波以下	YZ1-45	套	1. 新增光传送网（OTN）设备基本配置（2套合分波器）以外的合波器、分波器时计列。 2. 在原有 OTN 设备上增装合波器、分波器时计列	按照增装合波器、分波器数量计算
		40 波以上	YZ1-46	套		
2.7	光谱分析模块		YZ1-47	块	配置光谱分析模块时计列	按照光谱分析模块配置数量计算
2.8	光放站光线路放大器（OLA）	80 波以下	YZ1-48	套	仅光放站配置光线路放大器（OLA）时计列	按照光放站光线路放大器（OLA）配置数量计算
		80 波以上	YZ1-49	套		

序号	调试项目	调试子目种类	定额编号	单位	调试项目计列建议	工程量计算应用建议
2.9	调测基本子架及公共单元盘（OTN）		YZ1–50	套	在原有 OTN 设备上扩容光路系统、电交叉设备、光交叉设备、光功率放大器、光波长转换器时计列	同一套 OTN 设备上无论增加的模块种类和数量多少，每次扩容时同 1 套 OTN 设备只计算 1 次
2.10	扩容 OTN 光路系统	1 个光路系统	YZ1–51	套	在原有 OTN 设备上扩容光路系统时计列	按照扩容光路系统数量计算
2.11	扩容 OTN 电交叉设备	3.2Tbit/s 以下	YZ1–52	套	在原有 OTN 设备上扩容电交叉设备时计列	按照扩容电交叉设备数量计算
		3.2Tbit/s 以上	YZ1–53	套		

续表

序号	调试项目	调试子目种类	定额编号	单位	调试项目计列建议	工程量计算应用建议
2.12	扩容OTN光交叉设备	1 个维度	YZ1-54	维度	在原有 OTN 设备上扩容光交叉设备时计列	按照扩容光交叉设备数量计算
2.13	扩容光波长转换器（OTU）		YZ1-55	块	在原有 OTN 设备上扩容光波长转换器时计列	按照扩容光波长转换器数量计算
2.14	线路段光端对测	光放站	YZ1-56	方向·系统	新增或扩容光路系统时计列	按照新增或扩容光路系统数量计算。变电站一般为端站/再生站，执行 YZ1-57 子目；光放站执行 YZ1-56 子目
		端站/再生站	YZ1-57	方向·系统		

序号	调试项目	调试子目种类	定额编号	单位	调试项目计列建议	工程量计算应用建议
2.15	光通道开通、调测	100Gb/s	YZ1–58	方向·波道	新增或扩容光路系统时计列	按照工程本期需要开通波道的数量计算。如 A、B 站点间本期建设 1 条 40 波链路，并开通 1 条 10G 业务和 1 条 2.5G 业务，则 A 站点光通道开通、调测计列 1 方向·波道 10Gb/s，计列 1 方向·波道 2.5Gb/s
		40Gb/s	YZ1–59	方向·波道		

续表

序号	调试项目	调试子目种类	定额编号	单位	调试项目计列建议	工程量计算应用建议
2.15	光通道开通、调测	10Gb/s	YZ1-60	方向·波道		
		2.5Gb/s 以下	YZ1-61	方向·波道		
2.16	网络线路保护		YZ1-62	方向·段	新增或扩容光路系统，且具有网路线路保护方式时计列	按照本期相关对端站点数量计算
2.17	光通道保护		YZ1-63	方向·波道	新增或扩容光路系统，且具有光通道保护方式时计列	按照开通波道数量计算

续表

序号	调试项目	调试子目种类	定额编号	单位	调试项目计列建议	工程量计算应用建议
2.18	子网连接保护		YZ1-64	环·系统	新增或扩容光路系统，且具有子网连接保护方式时计列	按照环网保护系统数量计算
3. 交换设备						
3.1	电话交换设备		YZ5-1	架	新增程控电话交换机（500线）时计列	按照电话交换设备配置数量计算
3.2	用户集线器（SLC）设备		YZ5-2	500线/架	该子目是对"电话交换设备"子目的补充，对于大容量程控交换设备还需再执行该子目	按照用户集线器（SLC）配置数量计算

续表

序号	调试项目	调试子目种类	定额编号	单位	调试项目计列建议	工程量计算应用建议
3.3	扩装交换设备板卡	公控板	YZ5-3	块	在原有电话交换设备上扩装板卡时计列	按照板卡数量计算。公控板包括铃流板、电源板、主控板、交叉板等公用类板卡
		用户板/中继板	YZ5-4	块		
3.4	扩装交换设备模块		YZ5-5	块	在原有电话交换设备上扩装交换设备模块时计列	按照模块数量计算
3.5	程控交换机计费系统		YZ5-6	套	新增程控交换机计费系统时计列	按照计费系统数量计算
3.6	维护终端、话务台、告警设备		YZ5-7	台	新增程控交换机维护终端、话务台、告警设备时计列	按照维护终端、话务台、告警设备配置数量累加计算

续表

序号	调试项目	调试子目种类	定额编号	单位	调试项目计列建议	工程量计算应用建议
3.7	用户线调试		YZ5-8	千线	新增或扩容电话交换设备用户线时计列	按照用户线数量计算，不足千线按 1 千线计算。用户线是指连接在用户设备 DSL 调制解调器和电话交换机之间的线路
3.8	中继线调试	2Mb/s 中继、7 信令、Q 信令	YZ5-9	千线	新增或扩容电话交换设备中继线时计列	按照中继线数量计算，不足千线按 1 千线计算。中继线是指连接程控电话交换机之间的线路
3.9	增值服务线调试	三方会议、呼叫等待等功能	YZ5-10	千线	新增或扩容电话交换设备增值服务线时计列	按照增值服务线数量计算，不足千线按 1 千线计算

续表

序号	调试项目	调试子目种类	定额编号	单位	调试项目计列建议	工程量计算应用建议
3.10	电力调度程控交换机	64 线以下	YZ5-11	架	新增电力调度程控交换机时计列	按照电力调度程控电话交换设备配置数量计算
		128 线以下	YZ5-12	架		
		500 线以下	YZ5-13	架		
3.11	电力调度台	64 键以下	YZ5-14	台	新增电力调度台时计列	按照电力调度台配置数量计算
		64 键以上	YZ5-15	台		
3.12	扩装调度交换设备板卡	公控板	YZ5-16	块	扩装调度交换设备板卡时计列	按照板卡数量计算。公控板包括铃流板、电源板、主控板、交叉板等公用类板卡
		用户板 / 中继板	YZ5-17	块		
3.13	电力调度录音装置		YZ5-18	套	新增电力调度录音装置时计列	按照电力调度录音装置配置数量计算

续表

序号	调试项目	调试子目种类	定额编号	单位	调试项目计列建议	工程量计算应用建议
3.14	电力调度程控交换机系统联调		YZ5-19	系统	新增电力调度程控交换机时计列	按照调度程控交换机配置数量计算。新增1台调度程控交换设备计算1个系统联调
3.15	核心设备		YZ5-20	台	新增IMS核心设备时计列	按照核心设备数量计算
3.16	应用服务器		YZ5-21	台	新增IMS应用服务器时计列	按照应用服务器数量计算。以短信、Web视频会议、彩铃、计费系统等服务器数量计算
3.17	网关设备		YZ5-22	台	新增网关设备时计列	按照网关设备配置数量计算

续表

序号	调试项目	调试子目种类	定额编号	单位	调试项目计列建议	工程量计算应用建议
3.18	AG 接入网关		YZ5–23	台	新增 AG 接入网关设备时计列	按照 AG 接入网关设备配置数量计算
3.19	IAD 接入设备		YZ5–24	台	新增 IAD 接入设备时计列	按照 IAD 接入设备配置数量计算
3.20	IP 话务台设备		YZ5–25	台	新增 IP 话务台设备时计列	按照 IP 话务台设备配置数量计算
3.21	基础业务应用平台调试		YZ5–26	套	新增 IMS 核心设备时计列	按照基础业务应用平台软件配置数量计算

续表

序号	调试项目	调试子目种类	定额编号	单位	调试项目计列建议	工程量计算应用建议
3.22	增值业务应用平台调试	短信平台	YZ5-27	套	新增 IMS 应用服务器时计列	按照相应平台软件配置数量计算
		Web 视频会议平台	YZ5-28	套		
		彩铃系统	YZ5-29	套		
		计费系统	YZ5-30	套		
4. 数据通信设备						
4.1	路由器	接入层	YZ7-1	台	新增路由器或在原有路由器上新增路由方向时计列	按照路由器配置数量计算。接入层路由器整机包转发率 < 100Mbpps，通常应用于 220kV 及以下电压等级变电站

序号	调试项目	调试子目种类	定额编号	单位	调试项目计列建议	工程量计算应用建议
4.1	路由器	汇聚层	YZ7–2	台		按照路由器配置数量计算。汇聚层路由器 100Mbpps ≤ 整机包转发率 < 400Mbpps，通常应用于地区中心变电站（330kV 及以上电压等级变电站）
		核心层	YZ7–3	台		按照路由器配置数量计算。核心层路由器整机包转发率 ≥ 400Mbpps，通常应用于各级调度端（地调、省调、网调）
4.2	路由器接口板	接入层	YZ7–4	块	在原有路由器上扩容路由器接口板时计列	按照路由器接口板配置数量计算

续表

序号	调试项目	调试子目种类	定额编号	单位	调试项目计列建议	工程量计算应用建议
4.2	路由器接口板	汇聚层	YZ7-5	块		
		核心层	YZ7-6	块		
4.3	网络交换机	低端	YZ7-7	台	新增网络交换机时计列	按照网络交换机配置数量计算。低端网络交换机为二层网络交换机，通常应用于220kV及以下电压等级变电站
		中端	YZ7-8	台		按照网络交换机配置数量计算。中端网络交换机为三层网络交换机，通常应用于地区中心变电站（330kV及以上电压等级变电站）

续表

序号	调试项目	调试子目种类	定额编号	单位	调试项目计列建议	工程量计算应用建议
4.3	网络交换机	高端	YZ7-9	台	新增网络交换机时计列	按照网络交换机配置数量计算。高端网络交换机为插槽式（模块式）三层网络交换机，通常应用于各级调度端（地调、省调、网调）
		接口板	YZ7-10	块	在原有网络交换机上扩容接口板时计列	按照网路交换机接口板配置数量计算
4.4	光纤交换机		YZ7-11	台	新增光纤交换机时计列	按照配置数量计列

续表

序号	调试项目	调试子目种类	定额编号	单位	调试项目计列建议	工程量计算应用建议
4.5	接入复用设备（DSLAM）		YZ7–12	台	新增接入复用设备时计列	在电网通信工程中，一般仅在营业网点配置宽带接入设备，变电站不配置此类设备，通常不需执行该类型定额
4.6	接入复用设备（DSLAM）接口板		YZ7–13	块	在原有复用设备上扩容接口板时计列	
4.7	宽带接入服务器（BAS）		YZ7–14	台	新增宽带接入服务器时计列	

续表

序号	调试项目	调试子目种类	定额编号	单位	调试项目计列建议	工程量计算应用建议
4.8	宽带接入服务器（BAS）接口板		YZ7-15	块	在原有服务器上扩容接口板时计列	在电网通信工程中，一般仅在营业网点配置宽带接入设备，变电站不配置此类设备，通常不需执行该类型定额
4.9	无线局域网接入点（AP）设备		YZ7-16	台	新增无线局域网接入点设备时计列	在电网通信工程中，一般仅在营业网点配置宽带接入设备，变电站不配置此类设备，通常不需执行该类型定额

序号	调试项目	调试子目种类	定额编号	单位	调试项目计列建议	工程量计算应用建议
4.10	服务器	低端	YZ7–17	台	新增服务器时计列	按照服务器配置数量计算。低端服务器仅支持单或双 CPU 结构，通常应用于变电站
		中端	YZ7–18	台		按照服务器配置数量计算。中端服务器一般支持双 CPU 及以上的对称处理器结构，通常应用于地调
		高端	YZ7–19	台		按照服务器配置数量计算。高端服务器一般采用 4 个及以上 CPU 的对称处理器结构，通常应用于省调或网调

续表

序号	调试项目	调试子目种类	定额编号	单位	调试项目计列建议	工程量计算应用建议
4.11	防火墙设备	中、低端	YZ7–20	台	新增防火墙设备时计列	按照防火墙设备配置数量计算。中、低端防火墙数据包吞吐量＜3Gbpps，最大并发连接数＜60 万，通常应用于变电站硬件加密、物理隔离装置
		高端	YZ7–21	台		按照防火墙设备配置数量计算。中、低端防火墙数据包吞吐量≥3Gbpps，最大并发连接数≥60 万，通常应用于各级调度端

续表

序号	调试项目	调试子目种类	定额编号	单位	调试项目计列建议	工程量计算应用建议
4.12	其他网络安全设备		YZ7-22	台	新增入侵检测、抗DDOS设备攻击、上网行为管理与流控设备、安全接入平台设备时计列	按照相应设备配置数量计算
4.13	硬盘驱动器		YZ7-23	台	新增硬盘驱动器时计列	按照硬盘驱动器配置数量计算
4.14	磁盘阵列	12块以下	YZ7-24	台	新增磁盘阵列设备时计列	按照磁盘阵列配置数量计算
		每增加5块	YZ7-25	组		
4.15	磁带机		YZ7-26	台	新增磁带机时计列	按照磁带机配置数量计算
4.16	磁带库	200盒以下	YZ7-27	台	新增磁带库时计列	按照磁带库配置数量计算
		500盒以下	YZ7-28	台		
		1000盒以下	YZ7-29	台		

续表

序号	调试项目	调试子目种类	定额编号	单位	调试项目计列建议	工程量计算应用建议
4.16	磁带库	1000 盒以上每增加 50 盒	YZ7–30	组		
4.17	光盘机		YZ7–31	台	新增光盘机时计列	按照光盘机配置数量计算
4.18	光盘库		YZ7–32	台	新增光盘库时计列	按照光盘库配置数量计算
4.19	局域网系统调试	50 用户以下	YZ7–33	系统	新组建局域网系统时计列	50 用户以下局域网系统调试通常应用于变电站内部网络系统调试
		200 用户以下	YZ7–34	系统		200 用户以下局域网系统调试通常应用于地调网络系统调试
		500 用户以下	YZ7–35	系统		500 用户以下局域网系统调试通常应用于省调及网调网络系统调试

序号	调试项目	调试子目种类	定额编号	单位	调试项目计列建议	工程量计算应用建议
4.20	接入广域网系统调试		YZ7-36	系统	330kV 及以上电压等级变电站（区域中心变电站）、各级调度端接入广域网时计列	按照工程数量计算
4.21	接入互联网系统调试		YZ7-37	系统	通信站接入信息外网时计列	按照工程数量计算
4.22	网络安全系统调试		YZ7-38	系统	新增防火墙时计列	按照工程数量计列

附录 2

悬垂绝缘子串悬挂工程量计算规则 *

---

* 本附录节选自《电力建设工程概预算定额（2018年版）使用指南　第五册　输电线路工程》。

（1）"绝缘子串悬挂"适用于直线、直线转角及换位杆塔的悬垂绝缘子串安装、跳线绝缘子串安装。

（2）计量单位"串"，是指完全独立的金具绝缘子串，有单联、双联、三联、四联等多种型式，多联之间（上或下）通过金具连接，可独立施工。如多联之间没有金具相连，彼此保持相互独立，且上下均有独立挂点，此多联金具绝缘子串为多串金具绝缘子"串"。

I 型单联单挂点绝缘子串，如附图 2-1 所示，工程量为 1 串"I 型单联串"。

I 型双联单挂点绝缘子串，如附图 2-2 所示，工程量为 1 串"I 型双联串"。

I 型双联双挂点绝缘子串，如附图 2-3 所示，工程量为 1 串"I 型双联串"。

I 型双联双挂点绝缘子串，如附图 2-4 所示，工程量为 2 串"I 型双联串"。

I 型双联双挂点绝缘子串，如附图 2-5 所示，工程量为 1 串"I 型双联串"。

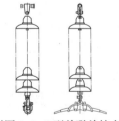

附图 2-1 I 型单联单挂点

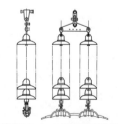

附图 2-1 I 型双联单挂点

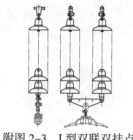

附图 2-3　I 型双联双挂点

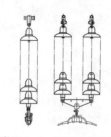

附图 2-4　I 型双联双挂点

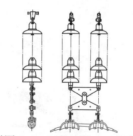

附图 2-5　I 型双联（三角联板）

I 型四联四挂点绝缘子串，如附图 2-6 所示，工程量为 2 串"I 型四联串"。

V 型三联双挂点绝缘子串，如附图 2-7 所示，工程量为 1 串"V 型三联串"。

I 型双联双挂点绝缘子串，如附图 2-8 所示，工程量为 2 串"I 型单联悬垂串"。

V 型双联绝缘子串，如附图 2-9 所示，工程量为 1 串"V 型双联悬垂串"。

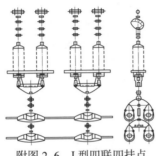

附图 2-6　Ⅰ型四联四挂点

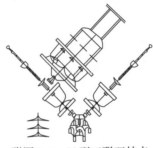

附图 2-7　V 型三联双挂点

附图 2-8　Ⅰ型悬垂串实景

(a) 正视图　　　　　　　(b) 俯视图

附图 2-9　V 型双联悬垂串实景

（3）定额已综合考虑瓷、玻璃、复合绝缘子及瓷质横担等各种材质、型式的悬挂安装。

（4）遇 I 型四联串时，按"I 型双联串"相应定额乘 1.6 系数计算。遇 I 型六联串时，按"I 型双联串"相应定额乘 2.3 系数计算。

附录 3

集束拉管定额选取规则 *

---

* 本附录节选自《电力建设工程概预算定额（2018 年版）使用指南　第五册　输电线路工程》。

根据不同的孔数－孔径的组合方式，得到其最小集束直径。再根据现场地质条件、入土角度等乘1.2~1.5倍的系数作为最大扩孔孔径，施工组织设计或设计无要求的按1.2倍计算。如10孔外径200mm的拉管，根据表格查到最小集束直径是763mm，在763mm的基础上乘1.2倍后得915.6mm，则套用最大扩孔孔径ϕ1000mm的定额项（见附表3-1）。

附表3-1　不同排管方式定额项目选用参考值

序号	排管方式	最小集束直径	定额项	序号	排管方式	最小集束直径	定额项
1	$2 \times \phi180$	$\phi360$	$\phi500$	8	$9 \times \phi180$	$\phi650$	$\phi800$
2	$3 \times \phi180$	$\phi388$	$\phi500$	9	$10 \times \phi180$	$\phi686$	$\phi900$
3	$4 \times \phi180$	$\phi435$	$\phi600$	10	$11 \times \phi180$	$\phi706$	$\phi900$
4	$5 \times \phi180$	$\phi486$	$\phi600$	11	$12 \times \phi180$	$\phi725$	$\phi900$
5	$6 \times \phi180$	$\phi540$	$\phi700$	12	$13 \times \phi180$	$\phi762$	$\phi1000$
6	$7 \times \phi180$	$\phi540$	$\phi700$	13	$14 \times \phi180$	$\phi779$	$\phi1000$
7	$8 \times \phi180$	$\phi595$	$\phi800$	14	$15 \times \phi180$	$\phi814$	$\phi1000$

序号	排管方式	最小集束直径	定额项	序号	排管方式	最小集束直径	定额项
15	$16 \times \phi180$	$\phi831$	$\phi1000$	27	$3 \times \phi200$	$\phi431$	$\phi600$
16	$17 \times \phi180$	$\phi863$	$\phi1100$	28	$4 \times \phi200$	$\phi483$	$\phi600$
17	$18 \times \phi180$	$\phi875$	$\phi1100$	29	$5 \times \phi200$	$\phi540$	$\phi700$
18	$19 \times \phi180$	$\phi875$	$\phi1100$	30	$6 \times \phi200$	$\phi600$	$\phi800$
19	$20 \times \phi180$	$\phi922$	$\phi1200$	31	$7 \times \phi200$	$\phi600$	$\phi800$
20	$21 \times \phi180$	$\phi945$	$\phi1200$	32	$8 \times \phi200$	$\phi661$	$\phi800$
21	$23 \times \phi180$	$\phi998$	$\phi1200$	33	$9 \times \phi200$	$\phi723$	$\phi900$
22	$25 \times \phi180$	$\phi1063$	$\phi1300$	34	$10 \times \phi200$	$\phi763$	$\phi1000$
23	$27 \times \phi180$	$\phi1063$	$\phi1300$	35	$11 \times \phi200$	$\phi785$	$\phi1000$
24	$29 \times \phi180$	$\phi1105$	$\phi1400$	36	$12 \times \phi200$	$\phi806$	$\phi1000$
25	$30 \times \phi180$	$\phi1116$	$\phi1400$	37	$13 \times \phi200$	$\phi847$	$\phi1100$
26	$2 \times \phi200$	$\phi400$	$\phi500$	38	$14 \times \phi200$	$\phi866$	$\phi1100$

续表

序号	排管方式	最小集束直径	定额项	序号	排管方式	最小集束直径	定额项
39	$15 \times \phi 200$	$\phi 904$	$\phi 1100$	51	$5 \times \phi 225$	$\phi 608$	$\phi 800$
40	$16 \times \phi 200$	$\phi 923$	$\phi 1200$	52	$6 \times \phi 225$	$\phi 675$	$\phi 900$
41	$17 \times \phi 200$	$\phi 958$	$\phi 1200$	53	$7 \times \phi 225$	$\phi 675$	$\phi 900$
42	$18 \times \phi 200$	$\phi 973$	$\phi 1200$	54	$8 \times \phi 225$	$\phi 744$	$\phi 900$
43	$19 \times \phi 200$	$\phi 973$	$\phi 1200$	55	$9 \times \phi 225$	$\phi 813$	$\phi 1000$
44	$20 \times \phi 200$	$\phi 1024$	$\phi 1300$	56	$10 \times \phi 225$	$\phi 858$	$\phi 1100$
45	$21 \times \phi 200$	$\phi 1050$	$\phi 1300$	57	$11 \times \phi 225$	$\phi 883$	$\phi 1100$
46	$23 \times \phi 200$	$\phi 1109$	$\phi 1400$	58	$12 \times \phi 225$	$\phi 907$	$\phi 1100$
47	$25 \times \phi 200$	$\phi 1151$	$\phi 1400$	59	$13 \times \phi 225$	$\phi 953$	$\phi 1200$
48	$2 \times \phi 225$	$\phi 450$	$\phi 600$	60	$14 \times \phi 225$	$\phi 974$	$\phi 1200$
49	$3 \times \phi 225$	$\phi 485$	$\phi 600$	61	$15 \times \phi 225$	$\phi 1017$	$\phi 1300$
50	$4 \times \phi 225$	$\phi 543$	$\phi 700$	62	$16 \times \phi 225$	$\phi 1038$	$\phi 1300$

续表

序号	排管方式	最小集束直径	定额项	序号	排管方式	最小集束直径	定额项
63	$17 \times \phi225$	$\phi1078$	$\phi1300$	74	$9 \times \phi232$	$\phi838$	$\phi1100$
64	$18 \times \phi225$	$\phi1094$	$\phi1400$	75	$10 \times \phi232$	$\phi885$	$\phi1100$
65	$19 \times \phi225$	$\phi1094$	$\phi1400$	76	$11 \times \phi232$	$\phi910$	$\phi1100$
66	$20 \times \phi225$	$\phi1153$	$\phi1400$	77	$12 \times \phi232$	$\phi935$	$\phi1200$
67	$2 \times \phi225$	$\phi464$	$\phi600$	78	$13 \times \phi232$	$\phi983$	$\phi1200$
68	$3 \times \phi232$	$\phi500$	$\phi600$	79	$14 \times \phi232$	$\phi1004$	$\phi1300$
69	$4 \times \phi232$	$\phi560$	$\phi700$	80	$15 \times \phi232$	$\phi1049$	$\phi1300$
70	$5 \times \phi232$	$\phi627$	$\phi800$	81	$16 \times \phi232$	$\phi1071$	$\phi1300$
71	$6 \times \phi232$	$\phi696$	$\phi900$	82	$17 \times \phi232$	$\phi1112$	$\phi1400$
72	$7 \times \phi232$	$\phi696$	$\phi900$	83	$18 \times \phi232$	$\phi1128$	$\phi1400$
73	$8 \times \phi232$	$\phi767$	$\phi1000$	84	$19 \times \phi232$	$\phi1128$	$\phi1400$

注　1. 表中管径均匀外径。

2. 如遇不同管径混排时，应根据具体排列方式计算最小集束直径。

参 考 文 献

[1] 董士波,等.电网工程建设编制与计算规定(2018年版)[M].北京:中国电力出版社,
2020.

[2] 张致海,等.电力建设工程概算定额 第一册 建筑工程(2018年版)[M].北京:
中国电力出版社,2020.

[3] 孟淼,等.电力建设工程概算定额 第三册 电气设备安装工程(2018年版)[M].北京:
中国电力出版社,2020.

[4] 曹妍,等.电力建设工程预算定额 第四册 架空输电线路工程(2018年版)[M].北京:
中国电力出版社,2020.

[5] 曹妍,等.电力建设工程预算定额 第五册 电缆输电线路工程(2018年版)[M].北京:
中国电力出版社,2020.

[6] 郭金颖,等.电力建设工程预算定额 第六册 调试工程(2018年版)[M].北京:
中国电力出版社,2020.

[7] 孟淼,等.电力建设工程预算定额 第七册 通信工程(2018年版)[M].北京:中
国电力出版社,2020.

[8] 董士波,等.电网工程建设预算编制与计算规定使用指南(2018年版)[M].北京:

中国标准出版社，2020.

[9]　张致海，等.电力建设工程概预算定额（2018年版）使用指南　第一册　建筑工程[M].北京：中国建材工业出版社，2020.

[10]　孟淼，等.电力建设工程概预算定额（2018年版）使用指南　第三册　电气设备安装工程[M].北京：中国建材工业出版社，2020.

[11]　郭金颖，等.电力建设工程概预算定额（2018年版）使用指南　第四册　调试工程[M].北京：中国建材工业出版社，2020.

[12]　张天光，曹妍，等.电力建设工程概预算定额（2018年版）使用指南　第五册　输电线路工程[M].北京：中国建材工业出版社，2020.

[13]　孟淼，等.电力建设工程概预算定额（2018年版）使用指南　第六册　通信工程[M].北京：中国建材工业出版社，2020.